AF461987

Bulletin des Services de la Carte géologique de la France et des Topographies Souterraines

Table du Tome VI (1894-1895)

COMPTES-RENDUS DES COLLABORATEURS

Pour la Campagne de 1893

INTRODUCTION

Dans sa séance du 6 avril 1892, la Commission spéciale de la Carte géologique détaillée de la France a émis le vœu qu'une partie du rapport annuel du Directeur du service fût publiée. C'est pour répondre à l'esprit de ce vœu, que les comptes-rendus des collaborateurs ont été résumés et réunis en un Bulletin spécial qui paraîtra au commencement de chaque année, permettant ainsi de juger des efforts individuels et du progrès incessant de l'œuvre entreprise en commun.

Les comptes-rendus ont été groupés par régions naturelles et, dans chaque groupe, par ordre alphabétique des noms d'auteur. Il est fait une simple mention des collaborateurs qui, au cours de l'année, ont donné au *Bulletin* un travail étendu sur la région dont l'exploration leur est confiée.

La nature même d'une pareille publication en fait un recueil de travaux, le plus souvent, sujets à révision, et il ne faudra pas s'étonner de voir telle question théorique envisagée à des points de vue fort différents par les divers collaborateurs du service, ou même par l'un d'eux au cours des années successives. Mais les avantages d'une prise de date effective, pour les découvertes confirmées, et d'une énonciation précise des principales difficultés encore pendantes compenseront les inconvénients de ces fluctuations inévitables en matière d'observations sur le terrain ; la coordination des travaux individuels trouvera de nouveaux éléments de discussion et l'étendue des efforts développés par nos collaborateurs, déjà prouvée d'ailleurs par les publications définitives du Service, sera mise, une fois de plus, en pleine lumière.

31 janvier 1894.

Le Directeur des Services
de la Carte géologique détaillée de la France
et des Topographies souterraines,

MICHEL LÉVY.

BASSIN DE PARIS

CRÉTACÉ DE LA FEUILLE D'AMIENS (RÉVISION)

PAR

M. CAYEUX

Préparateur à l'Ecole des Mines
Collaborateur adjoint.

J'ai achevé, en collaboration avec M. Gosselet, la révision de la feuille d'Amiens dont la minute a été déposée au Service de la Carte, en août dernier.

La partie que j'ai révisée cette année comprend les environs de Corbie, toute la région d'Amiens et la rive droite de la Somme, jusqu'à la hauteur de Picquigny. Les modifications à apporter à la première édition de la feuille dans les parties ci-dessus désignées se réduisent à des rectifications de contours, sauf pour la région de Corbie

J'ai déjà signalé, dans mon rapport de l'an dernier, les grandes difficultés que présente l'étude de la craie entre Corbie et Bray. Voici en quoi elles consistent :

Dans les environs de Bray, la craie phosphatée à Bélemnitelles existe presque au niveau de la Somme, et cette craie est surmontée, comme sur la feuille de Cambrai, d'épaisses couches de craie blanche et jaune, complètement dépourvue de fossiles, mais appartenant certainement à la craie à Bélemnitelles.

Si l'on part de Bray dans la direction du nord, on ne trouve aucun fossile indiquant un changement de niveau, et l'on arrive près d'Albert, où la craie à Micrasters existe seule. Où finit la craie à Bélemnitelles, où commence la craie à Micrasters ? On n'avait aucune indication à ce sujet. M. de Mercey, que nous avions consulté, était d'avis de donner un très grand développement à la craie à Bélemnitelles non phosphatée, et de l'indiquer partout jusqu'aux environs de Beauval. Bien qu'il fut évident que cette craie existât au nord de la Somme, là où la première édition n'en faisait pas mention, nous fûmes d'accord, M Gosselet et moi, de ne figurer de craie à Bélemnitelles qu'aux points où son existence était démontrée paléontologiquement.

Une course faite avec MM. Gosselet et de Mercey a fait faire un grand pas à la question. M. de Mercey a eu la bonne fortune de trouver en place, devant nous, *Belemnitella mucronata* dans une craie blanche non phosphatée, à Méricourt (Somme). En ce point, la coupe montre depuis le sommet du plateau jusqu'à la rivière l'Ancre :

Craie blanche à *B. mucronata ;*
Craie jaune;
Craie blanche que nous avons rapportée à la craie à Micrasters.

Cette trouvaille est importante :

1° Elle démontre que la craie blanche à Bélemnitelles ne constitue pas seulement, dans la Somme, des petits lambeaux superposés à la craie phosphatée, mais qu'elle peut exister en des points où la craie phosphatée manque. Selon toute vraisemblance, une partie de la craie non phosphatée à Bélemnitelles est synchronique de la craie phosphatée exploitée à Ribemont,de l'autre côté de la vallée. Cette nouvelle donnée complique notablement l'étude de la craie de la Somme que l'absence de fossiles rendait déjà si difficile;

2° Elle permet d'interpréter un fait intéressant que nous avons observé avec M. de Mercey près de Ribemont. Une exploitation ouverte au fond de la vallée qui va de Ribemont à Baisieux, au nord de la route d'Amiens, montre la craie phosphatée à Bélemnitelles sous une craie blanche sans fossiles. Si l'on monte la pente nord du thalweg, on est frappé de constater, qu'à une centaine de mètres de la carrière, le phosphate de chaux a disparu, et l'on voit de haut en bas :

Craie blanche sans fossiles;
Craie jaunâtre sans fossiles;
Craie blanche.

Cette coupe est identique à celle de Méricourt. La craie blanche supérieure est celle qui a fourni *B. mucronata* à Méricourt, et la craie blanche inférieure a tous les caractères de la craie à *M. cor anguinum*.

Quant à la craie jaune, elle est inconnue dans les exploitations de phosphate de chaux de Ribemont : elle apparaît quand la craie phosphatée cesse d'exister et se présente comme l'équivalent latéral de la craie phosphatée. D'où cette conclusion, que la craie phosphatée peut être remplacée latéralement et à une centaine de mètres de distance par une craie très différente.

Ce fait peut recevoir une application immédiate. M. Lasne a admis que le phosphate de chaux des environs de Doullens est en discordance avec la craie à Micrasters, et cela, parce qu'il forme une nappe très épaisse dans le fond des thalwegs et qui s'élève sur les hauteurs, en s'amincissant progressivement. M. Lasne a rapporté à la craie à Micrasters, sans aucune preuve paléontologique, la craie blanche qui forme le substratum du phosphate sur les pentes et qui subsiste seule sur les hauteurs. Cette craie n'est-elle pas en partie l'équivalent latéral de la craie phosphatée ? Il est permis de le supposer après ce qui a été dit plus haut. Dans ce cas, la discordance en question devrait être considérée purement fictive.

RÉVISION DES FEUILLES DE MELUN ET DE ROUEN

PAR

M. Gustave F. DOLLFUS

Membre de la Société géologique
Collaborateur adjoint

Bassin de Paris. — Les travaux pour la préparation d'une nouvelle édition des feuilles des environs de Paris au 80.000[e] ont été continués en 1893 comme les années précédentes.

Les premières excursions ont été consacrées à la révision de la **feuille de Rouen** et ont eu pour objet les environs de Gisors et de Magny-en-Vexin. J'ai trouvé la pleine confirmation d'un axe anticlinal, laissant apparaître le crétacé, presque parallèle à celui du Pays de Bray, venant de Thilliers-en-Vexin, passant à Magny et s'éloignant dans la direction de Vigny. Au Nord de cet axe les couches plongent vivement et dessinent une fosse synclinale parallèle à l'anticlinal, et à une distance moyenne de 6 k. 500 m., venant de Noyers, passant à Hadancourt et se dirigeant sur Santeuil ; les buttes de Monjavoult et de Sérans sont assises dans ce synclinal. Au-delà, dès Herouval et le Fayel, les couches remontent vivement au Nord sur le pied même de l'ondulation du Bray. Il résulte de cette observation que le synclinal du Sud du Bray que j'ai dénommé synclinal de la Scie en 1890 ne suit pas le bord du plateau tertiaire comme on serait tenté de le croire mais chemine en plein plateau tertiaire. On peut s'appuyer sur cette donnée pour démontrer que les couches tertiaires ont été dérangées de leur position normale par le mouvement de soulèvement du Bray aussi bien au Sud qu'à l'Est et postérieurement au dépôt des plus récentes.

Au point de vue stratigraphique j'ai à signaler la disparition des sables de Bracheux autour et au Sud de Magny, puis le profond ravinement du calcaire grossier par les sables moyens. Au-dessus de Magny on voit des sables grossiers caillouteux base des sables de Beauchamp (niveau d'Auvers), reposer directement sur le calcaire grossier moyen par ravinement complet du calcaire grossier supérieur. Cet horizon inférieur des sables moyens manque au Sud de Magny, il a son développement normal à l'Est, au Fayel, au Rueil, à Valmondois, etc., suivant une ligne de rivage orientée de l'Ouest à l'Est, avec *mer libre ouverte au Nord* sur l'emplacement du Pays de Bray qui était alors une région basse, ligne de rivage qui coupe en oblique vers Survilliers l'accident du Bray, montrant bien qu'alors il n'existait pas.

A partir du mois de mai mes efforts se sont portés exclusivement sur la **feuille de Melun** dont il était utile de terminer la révision au cours de l'exercice 1893.

Les documents qu'on possédait avaient fait croire que cette révision pouvait être très rapidement menée, mais dès les premières courses j'ai constaté que beaucoup de questions importantes avaient surgi depuis l'établissement de ces anciennes données, et que la mise au point du travail réclamait une nouvelle étude complète. Les principaux sujets qui ont attiré mon attention sont ceux relatifs :

1° Aux ondulations générales des couches.

2° Aux alignements des grès de Fontainebleau, disposition alternative des bandes purement sableuses et des bandes gréseuses.

3° A la reconnaissance et l'extension des sables de la Sologne.

4° A la recherche et la classification des dépôts caillouteux des plateaux.

1° L'ascension lente et régulière des couches au Nord de la feuille vers l'axe transversal de Beynes s'est pleinement confirmée et il n'y a rien à modifier à la ligne anticlinale allant d'Arcueil-Cachan à Ozouer-la-Ferrière. Par contre il y a lieu de déplacer légèrement le synclinal de l'Eure, la ligne des points bas s'éloigne moins vers l'Est de celle des points hauts que je n'avais cru, elle passe à La Verrière, Saint-Michel-sur-Orge, Corbeil et un peu au Nord de Melun.

L'axe du Roumois venant de Rambouillet se trouve également redressé, j'ai constaté que la craie avait un maximum d'altitude à 115 m. à Longvilliers dans la vallée de la Remarde, et à 98 m. à Sermaize dans la vallée de l'Orge. Vers l'Est sa trace est difficile à suivre par suite du manque de forages, le niveau de l'argile verte ne présente que des ondulations peu sensibles, on peut supposer cependant que la ligne des points hauts se dirige sur Etrechy, Courances et Fontainebleau. La fosse d'Etampes (synclinal de la Risle) se réduit en largeur et s'allonge sensiblement de l'Ouest à l'Est. D'une manière générale on peut dire que les observations poursuivies et précisées depuis 1890 sur les ondulations ont apporté partout la confirmation des premiers essais, et si nous avons été conduit à déplacer certains axes de quelques kilomètres, cela a toujours été pour les redresser, les accentuer et les prolonger.

Comme stratigraphie de détail j'ai découvert qu'aux environs d'Etampes le calcaire de Beauce jaune est surmonté par le calcaire bleu à limnées dit de l'Orléanais, ces roches qui atteignent soixante mètres d'épaisseur à Etampes se réduisent à huit ou dix mètres près de Dourdan et St-Arnoult, et ceci par l'ablation des assises supérieures. L'argile verte manque dans la même direction et, sur l'axe crétacé, les sables supérieurs reposent directement sur la craie à Sermaize, par l'intermédiaire d'un poudingue siliceux qui a un aspect fluviatile tout spécial à Dourdan.

2° J'ai eu l'occasion de reprendre et de généraliser quelques anciennes observations fort bien faites par M. Douvillé dans la forêt de Fontainebleau sur les alignements par bandes des régions gréseuses et purement sableuses. J'ai entretenu deux fois la Société géologique sur ce sujet, depuis lors, dans la suite de mes explorations sur la feuille de Melun j'ai trouvé toujours les grès disposés par bandes régulièrement orientées, parfois localement interrompues mais reprenant ensuite dans la même direction et parfaitement parallèles à des bandes purement sableuses intermédiaires.

Les grès sont spécialement développés dans deux massifs élevés, celui de Fontainebleau allant de la Seine à la Juine, et celui de Rambouillet allant de Rochefort à la limite du plateau tertiaire.

De nombreuses observations de nivellement barométrique appliquées au calcaire de Brie ont prouvé que le sous-sol ne participait pas aux ondulations multiples des bandes gréseuses plus saillantes que les bandes sableuses intermédiaires; les environs de Melun sont particulièrement instructifs à cet égard. Il faut noter que dans les régions des bandes sableuses le calcaire marneux saumâtre de la base de la formation de la Beauce est tout spécialement développé, et, comme la dureté des grès a beaucoup contribué à diriger la dénudation locale puisque les bandes sableuses n'ont pas pu opposer la même résistance au ruissellement, ce faciès se trouve moins répandu que le calcaire purement lacustre.

Tandis qu'au Nord de Paris les collines tertiaires doivent leur préservation et leur alignement à des ondulations générales du sol et à la disposition architechtonique régionale, comme pour les buttes de Monjavoult et de Sérans dont j'ai parlé tout à l'heure; au Sud de Paris les faits généraux d'alignements sont sans corrélation directe dans leurs détails avec la disposition du sous-sol, ils sont motivés simplement par l'inégale solidité d'une même assise. J'ajouterai avec quelque réserve que les sables de Fontainebleau se comportent comme d'anciennes dunes, alignées le long d'un rivage orienté du Nord-Ouest au Sud-Est, en face d'une dépression marine ouverte au Nord, dunes sur plusieurs rangées parallèles, et que, par une cause qui nous est inconnue, le sommet de ces dunes s'est solidifié et agglutiné en grès, dès avant le dépôt du calcaire de Beauce dont l'envahissement a commencé par des dépôts saumâtres entre les dunes avant la submersion générale lacustre venue du Sud. A Orgemont (commune de Cerny), l'épaisseur des sables peut être évaluée à 35 ou 40 mètres tandis que les sables surmontés par les grès atteignent 55 à 60 m. au Sud d'Orgemont à Boissy-le-Cuté, et la même épaisseur à la Ferté-Alais au Nord.

Les horizons fossilifères à la base des sables : marnes à huîtres, mollasse de Montmartre, sables de Jeurre et de Morigny, paraissent spécialement développés en bandes transversales qui suivent le synclinal d'Etampes vers la Ferté-Alais et Courances pour gagner La Chapelle-la-Reine.

3° Les sables granitiques dont les explorations pour l'établissement de la Carte au 320.000e avaient déjà fait connaître la grande étendue, se sont trouvés beaucoup plus développés encore qu'on ne supposait sur les grands plateaux de Beauce des environs d'Etampes. Souvent accompagnés de lits argileux ils déterminent des mares et des sources sur les calcaires de Beauce comme il en existe sur les plateaux meuliers. Au-dessus de Morigny les sables de la Sologne en divers lits, gros et fins, atteignent 8 mètres de puissance, ils reposent toujours par ravinement profond sur le calcaire et la formation de Beauce, cependant à la ferme de la Poislée au-dessus de Brière-les-Scellés, nous les avons vu en contact avec les sables de Fontainebleau par suite d'un ravinement tout particulièrement intense et qui paraît correspondre à celui de Morigny. Nous n'avons pas vu les sables granitiques dépasser l'Ecole à l'Est, et la localité de Maisse paraît un des points extrêmes dans cette direction, les fossiles continuent à y faire malheureusement défaut.

4° *Graviers des Plateaux.* — Les nouvelles courses ont montré une extension inattendue de gros graviers sur les hauts plateaux qui bordent la Seine, ces graviers sur lesquels l'attention des observateurs n'avait pas été suffisamment attirée jusqu'ici sont souvent dans une situation *culminante* occupant le sommet de tertres élevés et qui permettent difficilement d'imaginer leur extension primitive. Cette position stratigraphique est très différente de celle du diluvium des vallées propres et nous conduit à les supposer d'un âge bien plus ancien, très probablement pliocène. Ces graviers généralement argilo-sableux et rubéfiés sont jusqu'ici sans fossiles ; ils sont facilement observables sur le plateau de Bois-le-Roi à l'altitude de 86 mètres (Seine à 42 m.) et jusqu'à la Table-du-Roi à 108 m.; sur les plateaux à l'Ouest de Melun, au-dessus de Seine-Port, de Morsang-sur-Seine, ils viennent s'épandre en une vaste nappe sur la forêt de Sénart à l'altitude de 83 m. (Seine à 31 m.) et sur le plateau entre l'Yerre et la Marne.

D'une façon générale les graviers pliocènes suivent approximativement la direction de la vallée de la Seine, couvrant les caps qui s'avancent dans les méandres et délimitant une bande oblique large de cinq à huit kilomètres. Nous avons suivi ces graviers au Sud de la feuille de Melun, à Thomery, à Samoreau, Champagne, la Celle-sous-Moret (altitude 115 m., Seine à 50 m.) et sur les plateaux dominant le confluent de la Seine et du Loing. Cette situation dominante des graviers au Sud de Paris contraste absolument avec celle que nous leur connaissons au Nord de Paris dans l'aval de la vallée de la Seine où ils sont toujours contenus dans les limites du décomble de la vallée. Ces points culminants de la feuille de Melun, sans indication de berge, ni de rivage, ne sont point sans soulever un problème intéressant, celui d'une dénudation locale, par une désagrégation lente et prolongée ayant agi postérieurement à la dénudation diluvienne fluviatile pliocène.

Il y a eu nécessairement un émiettement chimique et mécanique avec ruissellement local qui a sculpté un relief supérieur très accentué et très étendu, postérieurement à cette première extension de graviers fluviatiles que nous plaçons sur l'horizon de St-Prest, et antérieurement au régime torrentiel des hauts niveaux quaternaires situés bien plus bas. Cette considération nous permet d'apprécier et de circonscrire le phénomène de la formation des limons.

FEUILLE AU 320.000^e^ DE LILLE

ET

RÉVISION DES FEUILLES AU 80.000^e^

CALAIS, DUNKERQUE, SAINT-OMER, LILLE, ARRAS, AMIENS

PAR

M. J. GOSSELET

Membre correspondant de l'Institut,
Professeur à la Faculté des Sciences de Lille,
Collaborateur principal.

Je diviserai mes travaux de l'année 1893 en deux catégories selon qu'ils ont pour objet spécialement la carte au 320.000^e^ ou la carte au 80.000^e^.

Carte au 320.000^e^

J'ai exploré les feuilles de Mondidier, Laon et Abbeville pour étudier les couches tertiaires désignées sur les cartes au 80.000^e^ par les lettres e_{IV} et M.

Sous la lettre e_{IV} on avait réuni les sables de Bracheux et les argiles à lignites. Je devais les distinguer. Le travail est terminé sur Montdidier et il est très avancé sur les deux autres feuilles.

M désigne sur les feuilles au 80.000^e^ l'argile à silex ; mais on y trouve confondus :

1° Les silex de l'argile éocène inférieure que nous indiquons sur la carte au 320.000^e^ par des hachures.

2° Les silex des sables verts, partie inférieure de Bracheux, qui doivent porter la couleur 1e.

3° Les silex quaternaires remaniés, qui ne doivent pas être indiqués.

4° Les silex simplement déchaussés de la craie sous-jacente.

5° L'argile à silex blanchis dont l'âge n'est pas encore parfaitement fixé.

La distinction exacte de ces diverses catégories de silex ne peut être faite qu'en levant la carte au 80.000^e^. Pour la carte au 320.000^e^, il fallait se borner à des explorations rapides. Il me reste à parcourir sous ce rapport les feuilles d'Abbeville, d'Yvetot et une partie de celle de Montdidier.

Lorsque la feuille de Cambrai a été tirée les phosphates de Templeux et de Fresnoy n'étaient pas encore exploités. J'ai dû aller tracer les contours de ces gîtes.

Dans quelques excursions sur les feuilles d'Abbeville, Yvetot, St-Valery j'avais observé plusieurs exploitations de sables tertiaires, qui n'étaient pas marqués sur les feuilles au 80.000^{e}. J'ai envoyé mon préparateur, M. Parent, à la recherche de ces gisements ignorés. Il en a découvert quelques-uns ; mais ce n'est guère que dans une exploration complète pour le 80.000^{e}, qu'on arrivera à reconnaître ces dépôts cachés par le limon et qui sont révélés par les exploitations et par les puits.

Sous ce rapport la carte au 320.000^{e} a profité de mes explorations pour la carte au 80.000^{e} sur les feuilles d'Arras et d'Amiens.

Carte au 80.000^{e}

Feuille d'Arras. — Je n'ai rien ajouté cette année à ce que j'avais fait en 1891. J'ai reporté tous mes efforts sur la feuille de Lille au 320.000^{e} et sur les feuilles au 80.000^{e} d'Amiens et de Lille.

Feuille d'Amiens. — J'ai consacré de nombreuses tournées à la feuille d'Amiens que je fais en collaboration avec M. Cayeux. J'ai relevé la partie occidentale de la feuille, où la craie sénonienne règne d'une manière uniforme ; ma préoccupation était donc dans ce travail de découvrir quelques lambeaux tertiaires et de distinguer les divers terrains à silex comme il a été dit plus haut.

Feuille de Lille. — Je n'ai fait que peu de tracés sur la feuille de Lille, parce qu'il y a quelques questions préjudicielles à résoudre. Cette feuille est presqu'entièrement couverte par le limon. Un examen superficiel semble indiquer l'existence de trois limons *jamais superposés* et dont le plus ancien serait seul quaternaire. Mais quand on étudie plus complètement, on arrive à se demander si ces limons de sont pas contemporains. J'ai parcouru plusieurs fois les environs de Lille avec M. Ladrière; nous n'avons pas pu nous mettre d'accord, ni même acquérir l'un ou l'autre une opinion ferme.

Feuilles de St-Omer, Calais, Dunkerque. — Bien qu'il n'y eût pas urgence à faire le lever de ces feuilles, qu'il y eût même inconvénient à entreprendre beaucoup de feuilles à la fois, néanmoins j'ai consacré de nombreuses journées à la Flandre et particulièrement à la Flandre maritime pour les raisons suivantes :

1° Le limon des environs de Lille ressemble à certains limons de la Flandre ; il y avait intérêt à savoir si ceux-ci n'éclaireraient pas l'âge des premiers. Sous ce rapport mes courses n'ont pas eu de résultat.

2° On faisait des chemins de fer et des canaux ; il était important de ne pas laisser perdre les coupes, qu'on pouvait y observer. Comme ces travaux étaient situés loin des voies ferrées, à de grandes distances les uns des autres, leur étude m'a demandé beaucoup de temps et de voyages.

J'ai pu reconnaître qu'il y a eu deux séjours de la mer depuis l'époque historique, sur le sol de la Flandre maritime, jusqu'à une distance de 20 kilomètres de la côte actuelle. Le plus ancien, déjà établi par Debray, date environ du IVe siècle de l'ère chrétienne ; le second, dont j'ai déterminé l'âge à l'aide des poteries qu'il recouvre est postérieur au XIIIe siècle.

Les dépôts qui se sont formés pendant ces séjours de la mer présentent trois faciès bien distincts : des argiles à *Hydrobia ulvæ*, des argiles sableuses à *Scrobicularia piperata*, des sables à *Cardium edule*. Ces dépôts que l'on serait tenté de considérer comme successifs, paraissent avoir été déterminés par la profondeur ou par les courants. J'avais déjà observé le même fait dans le bassin de chasse de Dunkerque.

J'ai pu aussi reconnaître qu'entre deux séjours de la mer qui sont probablement les deux précédents, les environs de Calais ont été recouverts par un lac d'eau douce et que sur les dépôts calcaires faits dans ce lac, on trouve un ancien cordon littoral formé de cailloux roulés, plus arrondis et plus réguliers que ceux de la mer actuelle.

Ces études devront être poursuivies l'été prochain, car il me reste à fixer l'étendue des dépôt marins des deux époques et celle du lac d'eau douce.

FEUILLE DE NEVERS

ET

TERRAINS SECONDAIRES A L'EST ET AU NORD DU BASSIN DE PARIS

PAR

M. A. DE GROSSOUVRE

Ingénieur en chef des Mines,
Attaché au Service central.

I. FEUILLE DE NEVERS.

Nous avons terminé cette année, en collaboration avec MM. de Launay et Busquet, le tracé des contours de cette feuille : elle est actuellement à la gravure. Nous n'avons, par conséquent, aucun fait particulier à signaler puisque l'ensemble de nos observations se trouve en quelque sorte figuré par les reports exécutés sur le canevas topographique. Nous nous proposons d'ailleurs de publier avec M. Busquet un texte explicatif détaillé, de manière à faire connaître avec plus de développement la série stratigraphique de cette région et les accidents tectoniques qui l'ont affectée. Les deux questions sont également intéressantes à traiter : la succession sédimentaire embrasse tous les terrains, depuis le Permien jusqu'au Cénomanien supérieur, auxquels s'ajoutent quelques termes du Tertiaire. Certains niveaux fossilifères y présentent une faune bien caractérisée et composée de nombreuses espèces d'ammonites. D'autre part tout le terrain a été disloqué par une série de failles, dont la direction générale oscille autour de la ligne Nord-Sud, et de failles subordonnées, de direction perpendiculaire aux premières : il y a là un champ de cassures très développé et dont l'allure mérite d'être étudiée et mise en relief. Nous aurons à faire quelques tournées pour revoir certains points particuliers, en vue de cet objet spécial.

Il y aurait intérêt aussi à réviser les contours des feuilles voisines situées au Nord et au Sud de celle de Nevers, afin de rectifier quelques erreurs de tracé et permettre plus tard la publication de la feuille au 320.000e qui ne serait pas possible si des corrections n'étaient pas effectuées. Il convient de poursuivre ce travail dès ce moment, afin de profiter de l'expérience que nous avons acquise avec M. Busquet, mon collaborateur des terrains sédimentaires de cette région, par nos explorations sur la feuille de Nevers. Il existe en effet un certain nombre d'assises qui présentent de très grandes ressemblances de faciès et possèdent en même temps des épaisseurs considérables, de sorte que l'on se trouve fort embarrassé quand on les rencontre, si l'on n'a pas, suivant l'expression vulgaire, ces terrains dans l'œil. Ce n'est pas qu'il faille prendre une décision sans être arrivé à trouver quelque fossile caractéristique qui confirme la première intuition, mais la connaissance des allures et de l'aspect pétrographique des couches facilite aussi cette recherche, qui sans cela est fort longue et fastidieuse.

Il faut compter d'ailleurs que le nombre de tournées nécessaires pour arriver à effectuer ces rectifications sera assez grand, car malgré la petite échelle de la carte à laquelle elles sont destinées, il faudra procéder très minutieusement et avec beaucoup de prudence pour arriver à déterminer l'âge de certaines couches et fixer la position des failles qui les découpent. Sans cela on s'exposerait à commettre des erreurs de même ordre que celles que l'on se propose de rectifier. Dans un terrain où les mêmes facies se répètent à plusieurs niveaux et où des accidents interrompent la continuité des couches, il faut de toute nécessité aller très lentement.

On peut donc prévoir que cette révision demandera au moins 50 à 60 jours de tournées : c'est là un autre motif pour la commencer de suite afin de ne pas retarder plus tard la publication de la feuille à 320.000e.

II. COORDINATION DES CONTOURS JURASSIQUES ET CRÉTACÉS DANS L'EST ET LE NORD-EST DU BASSIN DE PARIS.

M. le Directeur du Service de la Carte géologique nous ayant chargé de ce travail, que nous avions d'ailleurs commencé il y a deux ou trois ans, nous aurons à la reprendre plus activement pour permettre la publication des feuilles au 320.000^{e}.

Nous avons déjà fait connaître comme résultat de nos premières recherches que la limite entre l^2 et l^3 avait été placée dans cette région à un niveau fort différent de celui qui a été adopté dans la plupart des autres feuilles; l'erreur commise n'affecte pas les contours du 320,000^{e}, mais elle doit être signalée pour qu'il en soit tenu compte le jour où les feuilles de cette région seront révisées. De même la limite entre j_{IV} et j_{III} nous a semblé mal placée et ne pas correspondre à celle généralement adoptée : comme les ammonites sont rares, il nous faudra avant de donner une conclusion ferme sur ce second point, suivre les couches sur un plus long parcours.

Enfin dans cette région on a indiqué, comme infracrétacés, des îlots de terrain argilo-sableux qui sont réellement d'âge éocène ou même oligocène : j'ai causé de cette question avec M. Gosselet et nous sommes du même avis sur ce point.

En résumé, nous avons utilisé cette année :

1° A commencer la révision des contours sur les feuilles de St-Pierre et Clamecy.

2° A continuer nos explorations sur les feuilles d'Angoulême (terrains crétacés et tertiaires) et de Jonzac (feuille entière).

3° A définir pour les couches jurassiques le passage du facies du bassin anglo-parisien au facies aquitanien.

4° A poursuivre l'étude que nous avions commencée précédemment pour la coordination des couches jurassiques et crétacées à l'Est et au Nord-Est du bassin de Paris.

5° Enfin nous désirerions terminer complètement la publication de la partie stratigraphique de notre mémoire sur le terrain crétacé. Ce travail, assez absorbant, nous empêchera probablement de consacrer aux tournées sur le terrain tout le temps que nous pourrions leur donner.

Dans ces conditions nous pensons pouvoir terminer seulement vers 1896 notre feuille d'Angoulême, d'autant plus que nous désirerions attendre pour la gravure que l'exploration de la bordure limitrophe de la feuille de Jonzac fût terminée : en ne prenant pas cette précaution, on s'expose à reconnaître sur la feuille voisine des faits restés inaperçus sur la précédente, et à commettre ainsi des erreurs dont la rectification est trop tardive pour pouvoir être faite ; on est exposé en un mot à avoir deux feuilles voisines qui ne se raccordent pas.

ÉTUDE PRÉLIMINAIRE

SUR LES

TERRAINS JURASSIQUES DES ARDENNES

PAR

M. MUNIER-CHALMAS

Professeur à la Faculté des Sciences de Paris
Collaborateur principal.

J'ai consacré seulement quelques jours à étudier, pour la carte au 320.000^e. les environs de Mézières, de Neuvizy, de Saulces-aux-Tournelles ; je ne parlerai dans ce rapport que de deux points principaux.

Les collines des environs de Dom-le-Mesnil m'ont permis de constater, grâce à quelques petites excavations situées sur leur flanc ouest, que le *Bajocien* était beaucoup plus complet qu'on ne l'avait supposé. Il m'a semblé aussi qu'il n'y avait pas de lacune entre cet étage et le *Toarcien* ; cependant je n'ai pas encore trouvé d'*Ammonites Aalensis* dans les couches que je considère comme appartenant à cet horizon.

Le *Bajocien inférieur* est constitué par des calcaires marneux, souvent très durs, à *Terebratula Eudesi* ; puis viennent des bancs dans lesquels j'ai rencontré des *Hyperlioceras* que je considère comme appartenant à la zone à *Ludwigia concava* ; ce genre a également été rencontré aux environs de Sedan par M. Thiriet.

Le *Bajocien moyen* renferme de grandes Bélemnites, *Megateuthis giganteus*, puis des *Terebratula perovalis* et des Ammonites rares et mal conservées.

Le *Bajocien supérieur*, qui est exploité comme pierre de construction, contient de grands exemplaires de *Cœloceras Blagdeni*. Comme M. Hébert l'a déjà fait remarquer, ce sous-étage est incomplet ; ses couches terminales, qui correspondent à l'oolithe blanche des géologues normands, manquent : en effet, le Bathonien inférieur repose directement sur les couches à *Cœloceras Blagdeni* ; il y a là une lacune bien caractérisée.

Une question d'une très grande importance au point de vue cartographique a appelé mon attention ; il s'agissait, en effet, de savoir vers quelle époque ont commencé les *dépôts coralliens* des environs de Saulces-aux-Bois et de Neuvizy, etc., dépôts que l'on considère, en général, comme appartenant au *Rauracien*. Dans ce but, j'ai étudié les différentes assises du terrain jurassique supérieur de cette région, depuis le Callovien jusqu'au Séquanien.

Le *Callovien* présente les trois divisions classiques que l'on observe en Angleterre :

1° Le *Callovien inférieur* est formé par les assises à *Cosmoceras Gowerianum, C. calloviense, Proplanulites Kœnigii, Macrocephalites macrocephalus.*

2° Le *Callovien moyen* est surtout représenté par des couches argileuses à *Reineckeia anceps, Cosmoceras Jason.*

3° Le *Callovien supérieur* est formé par des gaizes bien connues, exploitées pour l'empierrement des routes ; j'ai rencontré dans ces assises *Peltoceras athleta* et *Cardioceras Lamberti*; leur partie supérieure contient *Cardioceras Mariæ, C. Lamberti* et *Creniceras Renggeri.*

L'*Oxfordien inférieur* renferme des calcaires plus ou moins ferrugineux. La zone des calcaires à *oolites ferrugineuses* caractérisée par *Cardioceras cordatum* a donné naissance, par décalcification, comme on le sait, aux minerais de fer exploités à Neuvizy et dans les environs.

Ces dernières assises supportent des couches calcaires ou argileuses qui appartiennent encore au niveau à *Cardioceras cordatum* ; elles passent insensiblement à des calcaires marneux ayant une faune glypticienne, savoir : *Glypticus hieroglyphicus, Cidaris florigemma, Hemicidaris crenularis* et empreintes de Polypiers.

A ces bancs succèdent des calcaires à *Diceras* et Polypiers siliceux dans lesquels j'ai recueilli un fragment de *Perisphinctes Martelli.*

Plus haut se développe une série puissante de calcaires coralliens présentant à Saulces-aux-Bois un banc de calcaire construit renfermant de très belles empreintes de *Diceras*, de *Ptericardia (Cardium) corallina*, de *Corbis*, de *Pachymytilus* de *Purpuroidea*, etc.

Ces couches s'élèvent jusqu'à la rencontre des calcaires compacts de l'étage séquanien (Astartien).

Il me paraît que le *Glypticien* des environs de Neuvizy correspondrait à la partie supérieure des couches à *Cardioceras cordatum*, tandis que la partie inférieure des calcaires coralliens serait l'équivalent des assises à *Perisphinctes Martelli*. Il faudra des études nouvelles et très suivies pour tracer avec certitude, au milieu de ces dépôts coralliens, *la limite des étages Oxfordien et Rauracien*.

J'ajouterai que dans les points que j'ai explorés le *Gault*, au point de vue stratigraphique, est tout à fait indépendant des terrains jurassiques; il repose soit sur l'Oxfordien, soit sur le Rauracien ou sur le Séquanien.

RÉVISION DE LA FEUILLE DE SOISSONS

PAR

M. H. THOMAS

Contrôleur principal des Mines,
Chef des Travaux graphiques.

Pendant la campagne de 1893, les explorations ont porté sur la partie méridionale de la feuille et son contact avec celle de Meaux.

Dans cette région, trois voies ferrées en construction, nous ont fourni de précieux éléments pour les tracés des nouveaux contours. L'une, ouverte par la Compagnie du Nord, part d'Ormoy-Villers et va se souder près de Mareuil-sur-Ourcq à la nouvelle ligne de l'Est de Trilport à la Ferté-Milon. De ce point, celle-ci emprunte pendant une vingtaine de kilomètres la ligne de Château-Thierry, et s'en détache à Armentières pour se diriger sur les Ardennes par Reims.

En partant d'Ormoy, la ligne de Mareuil entame à peine les marnes blanches du **Calcaire grossier supérieur**; elle contourne le village au sud, et pénètre dans les couches inférieures des **Sables de Beauchamp** à *Nummulites variolaria*, *Dentalium grande* avec *Cardita planicosta*. Près du kilom. 4, la dissolution d'une couche sous-jacente a produit l'affaissement des assises moyennes et supérieures des Sables, et de celles du **Calcaire de St-Ouen**. Cet accident a disloqué un premier banc de grès supportant des couches sableuses à *Potamides tricarinatus* du niveau supérieur et atteint en profondeur un second banc de grès séparé du premier par 4 mètres de sables ligniteux, calcaires, à *Bayania hordacea*, *Cerithium thiarella*, *Batillaria Bouei* de l'horizon moyen. Il n'existe pas de couches lacustres entre ces deux niveaux fossilifères, pour représenter le Calcaire de Ducy.

Le calcaire de St-Ouen avait été figuré à tort dans l'étendue des Bois-du-Roi : en dehors de cette poche, on n'en trouve aucune autre trace au voisinage de la ligne, et c'est à deux kilomètres au Nord qu'il faut remonter pour rencontrer ses premiers affleurements.

La voie s'élève ensuite jusqu'à la route de Lévignen ; au-delà, elle commence à descendre, et se poursuit, toujours dans les sables dont l'épaisseur atteint 35 mètres, jusqu'à Antilly où l'on revoit le calcaire grossier. Dans le vallon de la Grivette, on remarque les profondes érosions subies par les sables moyens que recouvre un épais manteau de limon. A Antilly, les bancs de *roche* à cérites du calcaire grossier supérieur sont exploités par galeries souterraines ; leurs affleurements sont plus étendus vers l'Ouest, et leurs contours sont à remonter dans la direction du village.

Le calcaire grossier moyen est au niveau de la voie au kilom. 17 ; en continuant à descendre on atteint bientôt des sables grossiers quartzeux qui alternent avec des lits d'argile violacée au sommet. Ce sont les **Sables de Cuise**. On les retrouve après la traversée de la Grivette au pied du contrefort de Mareuil où ils sont fortement ravinés. Peu après, la jonction avec la ligne de Trilport a lieu dans les couches calcaires à *Nummulites lœvigata* qui deviennent franchement magnésiennes.

Sur la ligne de Trilport à la Ferté-Milon les couches à cérites, le *banc vert* et les *caillasses* occupent le sommet de la tranchée vers la gare de Mareuil, les couches à *Cerithium giganteum* recouvrent des sables verts visibles dans les fossés.

Si l'on s'éloigne de la voie dans la direction du canal, on constate que les assises sableuses du niveau supérieur de l'horizon de Cuise se prolongent par un ensemble de couches nettement argileuses, de couleur gris de fer, compactes au sommet, un peu sableuses en bas, qui sont exploitées pour la tuilerie de Marolles (épaisseur 3 m. 35).

Avant Marolles, la voie passe en souterrain sous le cap avancé de Queue d'Ham et débouche au contact des sables de Beauchamp et du calcaire grossier dont on recoupe toutes les assises à l'entrée du village. Après avoir laissé sur sa droite les tourbières de Fulaines, on voit, en arrivant près de la Ferté-Milon, des excavations ouvertes dans les couches solides du calcaire grossier inférieur, qui mettent à jour les premiers bancs des sables de Cuise. Il convient de les figurer en ce point sur la carte.

L'exploration des plateaux voisins nous a conduit à étendre sensiblement les affleurements des couches de St-Ouen dans la région Sud et Ouest de la grande forêt de Retz, où les marnes de l'étage sont fréquemment utilisées pour les besoins agricoles. Sous les marnes de St-Ouen, les sables de Beauchamp montrent des assises argilo-sableuses à *Lucina saxorum*, *Meretrix cuneata*, *Ampullina abscondita*, *Cerithium angustum*, *Potamides tricarinatus*, *Batillaria pleurotomoides*, *Melongena subcarinata*, reposant sur un banc de grès exploité pour pavés (0 m. 75 à 1 m. 25).

Vers Silly-la-Poterie les argiles du niveau de Cuise, que nous avons déjà vues à Mareuil, augmentent d'épaisseur ; elles ont 7 m. à la carrière de M. Vallon, et plus de 9 mètres à l'argilière de Neufvivier. Malgré l'état de dislocation de ces couches qui ne permet pas facilement d'en suivre l'extension, il semble qu'il y ait passage latéral des sables aux argiles et non ravinement des sables avant dépôt des argiles dans les dépressions du ravinement.

Ces argiles, qui sont d'ailleurs de régime très irrégulier, disparaissent à Troesnes. Sous le calcaire grossier inférieur à gros grains de quartz vert qui limite les assises, on ne voit plus que des sables jaunes. Au passage à niveau ceux-ci plongent sous les couches à *Ditrupa strangulata* pour reparaître vers Rozet-St-Albin. Près de Nanteuil Notre-Dame, à la Poterie, les argiles redevenues puissantes sont exploitées par puits pour les tuileries de Coincy.

Le plateau qui s'étend entre la Ferté-Milon et Coincy a été l'objet de rectifications importantes dans le tracé des contours. A la montée de la Ferté par la route de St-Quentin, des marnes blanches sont surmontées par un calcaire dur, grenu, qui contient *Avicula Defrancei*; au-dessus, un calcaire siliceux passe fréquemment à un véritable silex. La base de l'horizon de St-Ouen est ici à 127 m. Dans le vallon du rû d'Alland, à 300 m. à l'Ouest de St-Quentin, on constate la disparition du calcaire grossier moyen, qui doit être effacé de la carte ; de même, le calcaire à cérites n'existe plus vers l'Est à partir du moulin ; les sables de Beauchamp occupent seuls les pentes du vallon, comme le montrent les sablières de Dammard et de Sommelans,

A La Croix, un banc de grès tabulaire, de 1 m. 20 environ, fournit des pavés très estimés. Il est surmonté par 4 à 5 m. de marnes lacustres jaunes ou verdâtres représentant le calcaire de Ducy avec *Limnea arenularia, Bithinia, Chara.* L'horizon de Mortefontaine avec *Avicula Defrancei*, est à l'état de grès calcaire ; il devient de plus en plus sableux en s'avançant vers l'Est. Les grès forment sur le flanc du vallon de petites falaises bien visibles dont l'altitude, de Lévignen jusqu'à La Croix, s'est élevée de 114 à 159 mètres.

Sur l'étroit plateau compris entre Armentières et Nanteuil-Notre-Dame, on ne trouve plus de grès ; mais les sables y sont notablement plus étendus que ne l'indiquent les anciens tracés ; ils se développent sur plusieurs kilomètres au Nord du point 141, et au Sud jusqu'aux bois de Rocourt.

Au pied des pentes des bois de Grisolles, vers l'Ouest, les **Marnes à Pholadomya ludensis**, occupent les abords de la ferme d'Halloudray jusqu'aux premières maisons de Sommelans : on y trouve *Euspatangus Prévosti*, Desor; elles remontent ensuite par Rémond-Voisins et Rassy.

Le **Gypse** n'affleure pas ; il existe à Latilly à la profondeur de 20 mètres environ. La masse a de 8 à 9 mètres d'épaisseur ; mais la partie exploitée ne dépasse guère 2 m. à 2 m. 25 par suite de l'inondation des galeries. Il semble cependant qu'on pourrait remédier à cet envahissement des eaux en les déversant dans les couches perméables des Sables de Beauchamp. L'épaisseur du calcaire de St-Ouen avec les couches solides qui l'encadrent ne les en sépare que d'une vingtaine de mètres, et la pente des couches drainerait ces eaux vers l'Ouest dans le rû d'Alland, où elles trouveraient un écoulement naturel.

Les **Argiles vertes** que les puits d'extraction du Gypse de Latilly traversent à leur orifice, sont surmontées près des bois de Grisolles par des argiles bariolées, un peu sableuses contenant des blocs isolés d'une meulière celluleuse, scoriacée, répartie sur une épaisseur de 2 m. 50 à 3 m : c'est la **Meulière de Brie**.

Entre Coincy et Fère en Tardenois, il y aura lieu de tracer de nouveaux contours géologiques. Autour d'un mamelon coté 191 m. sur la carte d'État-major, sont figurés des contours du Gypse, des Marnes vertes avec des Calcaires de Brie au sommet. Or, rien de tout cela n'existe, pas plus d'ailleurs que l'altitude 191 qui doit être ramenée à 171 m.

Villeneuve-sur-Fère repose sur un des premiers jalons du plateau de la Brie. Si les meulières y sont activement exploitées, le Gypse a cessé de l'être. C'est à

Villemoyenne que se trouve l'exploitation la plus voisine à laquelle donne accès un puits de près de 50 mètres de profondeur. La masse, épaisse de 9 mètres dont 2/3 exploitables, est séparée en 2 bancs par des assises marneuses d'une dureté parfois assez grande pour justifier le nom de roche qui leur a été donné.

Voici la coupe de ce puits :

	Terre végétale	1^m »
1	Limon à briques (rougette)	2 80
2	Argile grise bariolée	2 60
3	Meulière	3 00
4	Sable boulant	1 »
5	Glaise verte plastique	4 »
6	Glaise feuilletée blanchâtre	2 10
7	Marne blanche	2 20
8	Roche (marne dure)	0 35
9	Glaise vert foncé	2 15
10	Marne argileuse bleue (Les Bleus)	4 à 6^m
11	Pierre dure bleue	0 10
12	Maîtresse roche, grisâtre, dure	1 10
13	Marne blanche sèche	3 à 4^m
14	Glaise jaune	2 50
15	Gypse, faux plâtre	4 00
	2^m50 exploitables, se divise en lits de 0.15 à 0.20 c.	
16	Marne gris jaunâtre, dure	0^m32
17	Marne blanche	0 28
18	Glaise noirâtre	0 20
19	Roche (marne grise)	0 38
20	Terre blanche argileuse	0 36
21	Roche (marne grise dure)	0 45
22	Gypse	0 30
23	Marne blanche tendre	1 »
24	Gypse (3^m50 réellement exploitable)	5 »
25	Roche dure	0 20
26	Marnes blanches et bleues en divers bancs plus ou moins durs.	

Les assises 2, 3 et 4 représentent le calcaire et les meulières de Brie sableuses à la base, et sous lesquelles se trouve le niveau d'eau des marnes et argiles vertes. Celles-ci sont représentées par les couches 5 et 6. Mais la place des marnes à *Limnæa strigosa* et des marnes à *Lucines* ne peut être exactement indiquée. Au contraire les bancs de marnes blanches groupées sous le nº 26 correspondent vraisemblement aux Marnes à *Pholadomia ludensis* que nous venons de voir caractérisées à Sommelans par *Euspatangus Prevosti*. Les marnes bleues formeraient le sommet du calcaire de Saint-Ouen.

Les explorations que nous allons poursuivre en 1894, et le percement d'un nouveau puits qui doit être entrepris au cours de cette année, nous permettront sans doute de fixer d'une manière précise les divers étages de cette formation en les rapprochant de ceux bien connus des environs immédiats de Paris.

La ligne d'Armentières à Bazoches nous a fourni à son tour un certain nombre de tracés nouveaux. Ils intéressent les Sables de Cuise à Nanteuil ; le Calcaire grossier et les Sables moyens à Fère en Tardenois et à Vaux, tandis que plus loin, à Loupeigne, Bruys, Mont-Notre-Dame et Bazoches, l'horizon de Cuise et celui de l'Argile plastique ne sont pas moins intéressants à suivre dans leurs affleurements.

Sur le chemin de St-Thibaut à Chézy on constate qu'il n'y a pas de calcaire de St-Ouen, à la traversée des bois du signal 182.

Enfin nous signalerons dans la vallée de la Vesle l'extension des **Sables blancs de Châlons-sur-Vesle** à Limé sur la rive gauche, et sur l'autre rive à Courcelles, Braine et Chassemy près de son confluent avec l'Aisne. Dans la vallée de l'Aisne, ces mêmes sables ont été exploités à Venizel ; on les voit encore sous la *Marne de Dormans* qui supporte les couches de l'Argile plastique près de la gare de Soissons ; plus loin, sous les assises à *Potamides funatus* de l'ancienne citadelle, et enfin à Mercin près du moulin de Voisdon.

DÉTROIT DE LANGRES

FEUILLE DE DIJON

PAR

M. L. COLLOT

Professeur à la Faculté des Sciences de Dijon,
Collaborateur adjoint.

La majeure partie du quart N.-E. de la feuille de Dijon, appartient au plateau de Langres et est formée par le bathonien complet. Les vallées entament le calcaire à entroques et quelquefois même le lias supérieur (Rivière-les-Fosses, Courlon, Barjon).

A l'Est d'une faille N.-E. qui va de Vaux-sous-Aubigny à Selongey, Villey-Crécey, le corallien forme généralement la surface d'une région plus basse.

Les calcaires compactes J_{IIa} compris entre l'oolithe blanche et les calcaires en dalles du bathonien supérieur forment la surface des plateaux entre Aubigny et Rivière-les-Fosses, entre Rivière et la vallée de la Venelle (Vernois, Foncegrive), mais entre ces deux derniers villages et la vallée de la Tille, de même qu'entre celle-ci et l'Ignon, c'est le bathonien supérieur J_I, contrairement aux indications données par Guillebot de Nerville dans sa carte de la Côte-d'Or, qui forme principalement la surface du plateaux.

Le caractère dominant du bathonien supérieur est d'être formé de dalles oolithiques ou grenues généralement de couleur blonde. Mais dans cette région il s'y développe, à mi-hauteur, un faciès marneux, non oolithique, avec beaux échantillons de *Terebratula cardium* et lamellibranches. Ce faciès marneux paraît avoir trompé Guillebot de Nerville, qui a attribué ces couches à la terre à foulon, ce qui a entraîné des erreurs de délimitation sur la carte, notamment au nord de Poiseul-les-Saulx.

L'oxfordien autour d'Isomes, d'Occey, débute par un lit de calcaire brun, un peu noduleux, avec *Ammonites athleta*, Pholadomyes, au-dessus duquel la zone d'oolithes ferrugineuses à *Ammonites cordatus* ne paraît avoir qu'une faible épaisseur, puis viennent des marnes grises à Pholadomyes et rares *Perisphinctes*. Le corallien recouvre celles-ci d'abord de nouvelles couches grises remplies de *Thamnastræa* larges et plates avec *Cidaris florigemma*, puis se continue par des calcaires blancs compactes qui, plus haut, deviennent oolithiques et se remplissent de grands polypiers astréens branchus ou globuleux.

La bande de fractures qui limite le plateau au S.-E., part de Dommarien (feuille de Langres), coupe l'angle S.-E. de la feuille de Châtillon, entre Prauthoy et Montsaugeon, pour entrer dans celle de Dijon à Vaux-sous-Aubigny.

Coupe par le bois de Montanson et Isômes 54

Elle met là le bajocien du pied du plateau en contact avec le bathonien supérieur, et, un peu au Sud, avec l'oxfordien supérieur marneux à Pholadomyes. Un peu plus loin, une esquille de terre à foulon J_{III} s'intercale, par dédoublement de la faille, entre le bajocien et le bathonien le plus élevé.

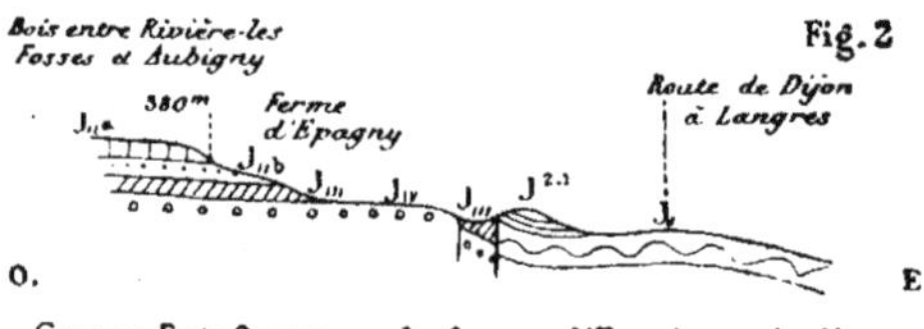

Coupe Est-Ouest par la ferme d'Epagny près Vaux. 55

Entre Pressant et Occey, la série des assises est complète ; seulement, tandis que le bajocien du plateau reste horizontal, la partie située au delà de la faille, J_{III} J_{IIb} J_{IIa} J_I $J^{1.2}$, est inclinée vers le S.-E. A la Chapelle Sainte-

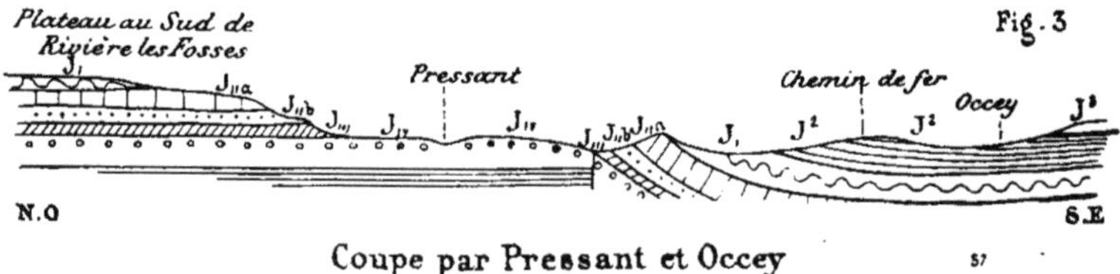

Coupe par Pressant et Occey 57

Gertrude, près Selongey, c'est l'oxfordien supérieur, surmonté par le corallien, qui se place de nouveau en contact immédiat avec le bajocien et sur le même niveau que lui. Entre Selongey et Crecey-sur-Tille l'oxfordien supérieur bute contre les calcaires blancs compactes J_{IIa} de la partie supérieure du bathonien moyen. La faille se continue au delà de Villey. En résumé cette faille, à parcours sinueux, sépare le bord du plateau de Langres, uniformément horizontal, d'avec une bande de couches diverses inclinées, inégalement affaissées et diversement morcelées.

Une faille N.-S. traverse très obliquement la vallée de la Venelle en amont de Selongey avec relèvement de la partie Est : elle met, à Foncegrive, le bajocien J_{IV} au niveau de l'oolithe blanche J_{IIb}.

La grande faille qui détermine la vallée de la Saône, part des environs de Faverney (Haute-Saône) et se dirige vers l'O. S.O., par Chalancey (feuille de Châtillon), est encore bien visible entre Villemervry et Cussey-les-Forges. Dans le vallon de Grancey elle paraît remplacée par deux autres qui mettent successivement sur le même niveau le lias supérieur, le calcaire à entroques, l'oolithe blanche, de Grancey au Pavillon. La plus septentrionale se perd peu après le village de Courlon. L'autre, après avoir traversé ce vallon rencontre celui de la Creuse (J_{IV} contre J_{IIb}), puis donne trois branches, l'une passant au village de Barjon, l'autre longeant le vallon entre le bois d'Avot et celui d'Avelanges, l'intermédiaire s'arrêtant de bonne heure (1).

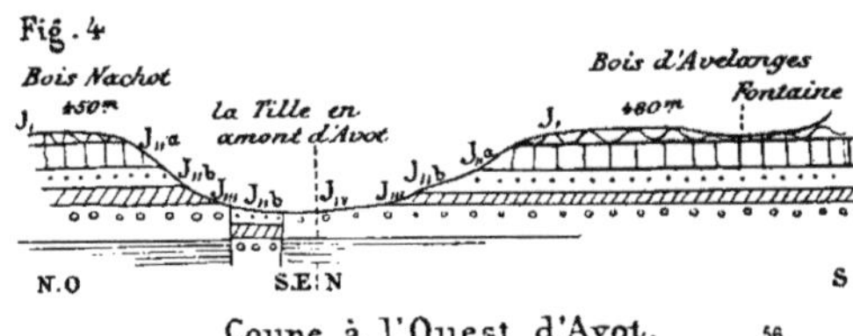

Coupe à l'Ouest d'Avot. 56

On peut rattacher au même faisceau les failles N.E. dont l'une va de Villemoron à Cussey (J_{III} contre J_{IIa}) et l'autre, à l'Est d'Avot et de Pavillon de Grancey, coupe les deux Tilles un peu en amont de leur confluent. Deux autres, dont l'une passe à Moloy, coupent en travers la combe de Champvaux, en amont de Courtivron.

LÉGENDE COMMUNE DES COUPES

J_{IV}. Bajocien : calcaire à entroques.

J_{III}. Marnes à *Ostræa acuminata* passant dans le haut à des bancs de plus en plus calcaires par le développement abondant d'oolithes rousses cannabines ; *Pholadomya Murchisonis*, *Clypeus Ploti*, *Terebratula globata*, *T. Ferryi*, *T. subbucculenta*, *Rhynchonella cf. quadriplicata*, *Ammonites Parkinsoni*. Les bancs supérieurs sont plus blancs et passent à :

(1) La coupe 4 est prise avant la naissance de la branche intermédiaire : les deux failles qui y sont figurées sont, par conséquent, les deux branches extrêmes.

J_{IIb}. Oolithe blanche.

J_{IIa}. Calcaire compacte blanc, avec nodules concrétionnés formant des taches blondes dans la cassure : quelques nérinées et petits polypiers.

J_{I}. Dalles grenues à délits obliques ; calcaires marneux à *Terebratula cardium*, *Rhynchon*, *varians*, lamellibranches.

J^{1-2}. Calcaire à *Am. athleta* ; minerai de fer et marnes de l'oxfordien.

J^{3}. Corallien.

FEUILLE DE BEAUNE

PAR

M. MAISON

Ingénieur au Corps des Mines,
Collaborateur Adjoint.

J'ai entrepris l'étude géologique de la feuille de Beaune par son côté Ouest, où elle se raccorde avec la feuille de Château-Chinon.

L'angle Sud-Est de la feuille forme le bassin d'Epinac et se rattache au bassin d'Autun. Il a été fait par MM. Michel-Lévy et Delafond. J'ai reporté leurs travaux, qui m'ont été communiqués par M. Delafond, sur une carte au 80.000e et j'ai dirigé mes explorations de manière à les prolonger vers le Nord, le long de la feuille de Château-Chinon.

Mon travail commence à partir du bassin granitique qui va de Viévy à Lacanche.

Terrains éruptifs et primaires. — Les terrains explorés comprennent deux vallées : celle de l'*Arroux* et celle de son affluent le ruisseau de Breuil qui va la rejoindre dans la feuille de Château-Chinon, et tous les terrains qui les limitent. — Ces vallées ont été creusées par les érosions qui ont entamé les terrains liasiques et triasiques et même les granites qui les supportent. Elles sont donc essentiellement constituées par des terrains éruptifs, pour la plupart granite γ_1 ; néanmoins, sur la rive gauche de l'Arroux, près du bord de la feuille, j'ai trouvé les tufs arthophyriques $\nu^1 h_{IV}$ qui se prolongent sur la feuille de Château-Chinon et dans lesquels existe, près du moulin Franci, une carrière qui donne d'excellents matériaux d'empierrement, très durs et résistant bien aux décompositions par les agents atmosphériques. La démarcation de ces tufs et des granites est très nette sur la rive gauche ; il est facile de la marquer par une ligne. Sur la rive droite, la séparation est moins précise ; je ne l'ai indiquée que par un pointillé.

J'ai observé, encore sur la rive gauche, des *porphyres quartzifères rouges* π_1 très durs, entre la ferme de Brisegateau et le moulin Franci, que l'on exploite également pour empierrement, de même que les granites γ_1 ; mais ni l'une ni l'autre de ces deux roches ne donnent des matériaux aussi résistants que les arthophyres : les parties superficielles se décomposent sous l'action de l'humidité et du soleil, s'effritent, se « pourrissent » selon l'expression du pays, et se transforment en une arkose rougeâtre.

La classification exacte de ces roches demanderait un examen attentif, voire même l'aide du microscope. — Les contours tracés pour ces terrains ne doivent donc être pris que pour une première approximation qui peut servir de base à de nouvelles excursions qui seront ainsi très facilitées.

Je signalerai enfin, sur le flanc gauche de la vallée comprise entre Mimeure et Promenois, à l'Ouest de la ferme Flacelière, un petit lambeau de *dévonien*, composé des schistes calcaires. Je n'y ai pas trouvé d'affleurement net; mais les terrains de culture qui le recouvrent amènent au jour de nombreux morceaux de schistes qui ne laissent aucun doute sur son existence et que l'on retrouve jusque dans le ruisseau.

Trias et lias. — On trouve la succession complète des assises inférieures du lias depuis le *calcaire à gryphées* l^2. Elles se succèdent horizontalement, avec régularité, comme dans la feuille voisine, et surmontent les *grès arkoses* de l'étage t_{I-III}. Cependant, vers le Sud de Viévy, à Lacanche, elles en sont séparées par les *marnes irisées* t^{3-1} qui n'y ont d'ailleurs qu'une faible épaisseur. La distinction entre les *grès infraliasiques* l_1 et ceux du trias t_{I-III}, n'est pas toujours facile. Il ne faut pas compter sur la présence des fossiles, qui n'existent pas dans les grès arkoses et que l'on ne trouve pas fréquemment dans les grès de l'infra-lias. Ceux-ci sont plus friables que les premiers, moins blancs; mais les grès arkoses n'ont pas partout la même dureté : dans le ravin de St-Prix, au sud d'Arnay, il y a une carrière où l'on exploite pour pierres de taille des bancs de grès assez friables, et cependant la même assise donne non loin de là, près de la ferme de Sasoge, une arkose très dure.

Dans la vallée de l'Arroux, le trias n'affleure qu'à l'Ouest d'Arnay ; à l'Est le lias repose directement sur les terrains éruptifs.— Le lias et le trias ont été rompus par deux failles, d'un faible rejet, qui sont cependant très nettes et qui paraissent prolonger la faille N.-S., tracée entre Uchey et Thury par MM. Delafond et Michel-Lévy : quand on va de Maligny à Lacanche, on trouve un ravin dont le flanc Nord-Ouest est formé par les couches du lias, tandis que, sur l'autre flanc, on trouve les grès arkoses et les marnes irisées. Cela n'a pu se faire que par un rejet qui a amené les grès arkoses à la hauteur des grès infraliasiques ; d'autre part, près du village de Mercey, on exploite une carrière de grès arkoses très durs sur le bord du ruisseau de Breuil ; si l'on suit ce ruisseau, on rencontre la route d'Arnay à St-Prix qui ne quitte pas le lias ; le bas de cette route est formé par l'infralias, lequel, étant en aval de la carrière, se trouve en contre-bas par rapport aux grès arkoses. Il a donc fallu qu'ici, comme dans le ravin de Maligny, ces grès aient été surélevés par un rejet.

Au sud de Musigny et aux environs de Maligny, on exploite des nodules de phosphate de chaux, à la partie supérieure des calcaires à gryphées, sous les terres végétales qui les recouvrent.

DÉTROIT DE POITIERS

FEUILLE DE SAINT-JEAN-D'ANGÉLY

PAR

M. A. BOISSELLIER

Agent administratif principal de la Marine,
Collaborateur principal.

Callovien. — Le Callovien ne se montre pas toujours sur la feuille de St-Jean-d'Angély, avec les mêmes caractères que sur celle de Fontenay. Je n'ai pas rencontré l'*Ammonites macrocephalus* dans toute la région située au sud de l'anticlinal de Montalembert; tandis que sur le versant nord, près de St-Coutant et de Limalonge, j'en ai trouvé plusieurs exemplaires associés à l'*Ammonites anceps*.

Dans les tranchées du chemin de fer de Ruffec à Raix, et de Chef-Boutonne, dans les carrières de Lugée à Pioussay, l'*Ammonites anceps* n'est pas rare ; mais les fossiles les plus communs sont l'*Ammonites hecticus* et les formes voisines de cette espèce. C'est sur cette assise que reposent directement les marnes à spongiaires de Chef-Boutonne à Roubillé et à Paizay-le-Naudoin. L'oxfordien proprement dit manquerait donc complètement dans cette partie de la feuille de St-Jean, ainsi que les marnes à ammonites pyriteuses et les calcaires à *Amm. athleta* du Callovien.

Argovien. — Les marnes à spongiaires ont une épaisseur de 20 à 30 mètres. On y rencontre fréquemment l'*Amm. canaliculatus*, l'*Amm. Henrici*, le *Belemnites hastatus* et surtout l'*Amm. plicatilis*, avec plusieurs espèces de polypiers et quelques rares exemplaires des *Amm. crenatus* et *oculatus*.

Au sud de Paizay-le-Naudoin, les marnes deviennent des calcaires marneux, grisâtres, gélifs, dans lesquels s'intercalent des bancs de calcaire rouge très dur, ou des blocs de calcaire à entroques, comme ceux qui divisent en plusieurs couches les marnes à spongiaires de Hanc, Loubillé, Paizay, Villefagnan, etc.

Les fossiles qu'ils renferment sont presque toujours indéterminables, rappelant vaguement l'*amm. oculatus*; mais les gros blocs de calcaire à entroques m'ont donné l'*Amm. plicatilis* bien caractérisée.

Rauracien, Séquanien. — Les calcaires rouges de l'Argovien sont recouverts par des calcaires grisâtres, gélifs, contenant les *Ammonites bimammatus* et *marantianus*, avec les petites ammonites qui les accompagnent ordinairement et qui sont beaucoup plus communes qu'elles : *Amm. tricristatus, arolicus, oculatus, eucharis, etc.*

Ces calcaires font partie d'une bande de terrains de 15 kilomètres de largeur environ, qui traverse toute la feuille et dans laquelle on rencontre successivement :

1° Des calcaires à *Amm. bimammatus, tricristatus*, etc.

2° Des calcaires subcompacts stériles.

3° Des calcaires à *Nérinées, Trigonia, Pinna*, des récifs de polypiers et des calcaires oolithiques à *Cardium corallinum, Dicceras arietina*, crinoïdes. échinides et brachiopodes, sans qu'on puisse séparer sûrement le Rauracien du Séquanien.

Ptérocérien. — Le Ptérocérien qui vient ensuite se détache beaucoup mieux des assises précédentes, malgré que des bancs coralligènes, avec leur faune habituelle, y soient intercalés. Il forme une bande de 2 kil. environ se raccordant avec celle qui traverse la feuille de La Rochelle de Châtelaillon à Migné. Les fossiles les plus communs entre Migné et Fontaine-Chalendray sont: *Pholadomia protei, Pterocera oceani, Thracia suprajurensis, Ceromya excentrica, Terebratula subsella, Nautilus giganteus, Ammonites cymodoce*. On retrouve également dans cette région le calcaire à oolites glauconieuses de la falaise de Châtelaillon.

L'*Exogyra virgula* de grande taille se montre dans les couches supérieures de cet étage. Les argiles virguliennes et leur lumachelle caractéristique d'*Exogyra virgula* apparaissent aussitôt après, avec l'*Ammonites orthocera* que l'on ne trouve jamais dans la zone à *Amm. Cymodoce*. Réciproquement l'*Amm. Cymodoce* et la plupart des fossiles ptérocériens ne persistent pas dans le Virgulien à *Amm. orthocera*.

Portlandien, Purbeckien. — La zone de l'*Amm. longispinus* et celle de l'*Amm. gigas* existent sur la feuille de St-Jean-d'Angély. Le Purbeckien se voit également au sud de cette ville. Les coteaux de la Rue et du Puits d'Asnières m'ont donné des calcaires à *Serpula coacervata* (amas de serpules filiformes d'un centimètre environ de longueur) avec *Mytilus subreniformis, Patella Vassiacensis, Corbula inflexa*, dents de poissons, etc. C'est-à-dire des espèces qui caractérisent le purbeckien dans la Haute-Marne.

Dans l'île d'Oléron, les *Serpula coacervata* et *Corbula inflexa* forment des blocs isolés sur la plage, à la base des falaises purbeckiennes de la Morelière. Sur les feuilles de St-Jean-d'Angély et d'Angoulême, on retrouve également les *calcaires tabulaires, lithographiques, violets* et les argiles noires et vertes qui constituent ces falaises de l'île d'Oléron.

Cette formation argileuse, qui occupe toute la vallée du Pays-Bas, jusqu'au-delà de Cognac, repose évidemment, à partir de Nantilly, sur les calcaires à *Serpula coacervata*, *Corbula inflexa*, etc., de la Rue d'Asnières ; car ceux-ci reparaissent sur le bord opposé de cette vallée synclinale entre St-Hilaire et Brizambourg.

Le gypse a été rencontré de Nantilly à Blanzac (feuille de St-Jean) dans les argiles purbeckiennes. Tous les bancs de gypse exploités dans le Pays-Bas, y compris ceux des Moulidards, près Châteauneuf, sont situés dans ces argiles noires et vertes à *plaquettes lithographiques violettes*.

L'assise gypsifère se termine par des plaquettes de calcaire oolithique à *Corbula inflexa* (2e niveau), *Cyrena rugosa* et petits gastropodes, dont l'épaisseur atteint parfois 2 mètres et que recouvrent des sables, avec argile rouge ou bariolée, dans lesquels on a trouvé des ossements de *Mégalosaure*.

Ces deux dernières assises du purbeckien ont été ravinées profondément, dans beaucoup d'endroits, et des couches épaisses de graviers les dérobent, dans le nord-ouest de la vallée notamment.

FEUILLE DE BRESSUIRE

PAR

M. A. FOURNIER

Préparateur de géologie à la Faculté des sciences de Poitiers
Collaborateur auxiliaire.

A Chiré-en-Montreuil, commencent à apparaître, au fond de la vallée de la Vaudelogne, les couches supérieures du Bajocien qui sont couronnées — toit des carrières souterraines du Chiré — par un ban de calcaire grossier, blanchâtre, avec traces rares d'argiles verdâtres. Ce banc fait 0,50 à 0,70 centimètres d'épaisseur et est pétri de fossiles appartenant à la faune du banc pourri de Ste-Pezenne. Nous y avons vu *Pict. zigzag*.

En remontant la Vaudelogne, les couches supérieures du Bajocien disparaissent pendant quatre kilomètres et se montrent à nouveau dans les carrières d'un four à chaux, à l'ouest d'Ayron, où nous avons recueilli *Pictonia zigzag*. En amont on voit les couches supérieures du Bajocien, formées de calcaire grossier, oolithique vers la base, passer inférieurement à des calcaires jaune brun spathiques, avec nombreux chailles blanchâtres ou gris noirâtre, sur 8 à 10 mètres d'épaisseur.

Les argiles toarciennes commencent à affleurer dans le fond de la vallée, au moulin de Bretigny, et fournissent les sources du Plessis. On les retrouve encore à Challandray avec *Rhynchonella cynocephala* abondant à la partie supérieure.

Dans la tranchée du chemin descendant de la grande route vers Civray-les-Essarts, le Callovien avec *Amm. anceps*, *subbackeriæ* et *microstoma* repose directement sur les calcaires à silex bathoniens, sans interposition des couches dolomitiques reconnues l'an passé à Vouillé.

Dans la vallée de l'Auzance, à partir de Chiré-en-Montreuil, on trouve les couches supérieures du Bajocien, supportant les calcaires à silex bathoniens, jusqu'en aval de Latillé; une petite carrière ouverte dans un vallon, près du château de la Chèze, a mis au jour la couche fossilifère du niveau du banc pourri.

A Latillé ce sont les calcaires jaune brun, à grains spathiques et à chailles de silex du Bajocien inférieur qui affleurent. Les argiles toarciennes forment le fond d'un vallon qui se dirige au sud et que suit la route de Vasles. Dans la vallée principale leur présence est indiquée par des sources, depuis le moulin de la Chauvalière, jusqu'à 1500 ou 1800 mètres de Pont-Aubert (limite des départements des Deux-Sèvres et de la Vienne). En ce dernier point, sur la rive droite, on trouve un affleurement de granulite supportant des calcaires subcristallins, bruns foncés, identiques à ceux du Charmouthien de Menigoute, — feuille de Niort.

Toutes les hauteurs entres les deux rivières et au sud de l'Auzance sont recouvertes par du sidérolithique. On trouve, à la base, des silex fragmentés mélangés à de l'argile rougeâtre; au-dessus, paraissent d'autres argiles jaunâtres — landes au Sud et à l'Ouest de Latillé, — qui deviennent sableuses supérieurement et montrent par place des argiles blanches, rouges ou bariolées — sud de Vouillé, environs de Quinxay.

Entre Villiers, Grand Yversay, Charais, Ville-mal-nommée et Neuville, le terrain est formé par des calcaires blancs, argileux, à *Am. Achilles*, séparés du Callovien par des calcaires sublithographiques et siliceux à *Am. Martelli* et *Canaliculatus*.

Sur le mammelon du Château du Breuil, se montrent les grès et sables verts du Cénomanien. Une carrière ouverte près du bois, en montre les couches inférieures avec *Orbitolina concava*, caractéristique de ce niveau.

D'autres grès compacts, lustrés, se voient près de Petit Yversay et au Sud de Furigny; nous ne voulons pas encore fixer leur âge, toutefois nous pensons qu'ils doivent être inférieurs aux argiles sidérolitiques, si nos observations faites antérieurement aux environs de La Ferrière sont exactes. Dans notre prochaine campagne nous étudierons à nouveau ce gisement, en priant M. de Grossouvre de nous aider de ses lumières.

FEUILLE DE CONFOLENS

PAR

M. J. WELSCH

Professeur à la Faculté des Sciences de Poitiers
Collaborateur adjoint.

La partie de la feuille de *Confolens* qui se trouve au N.-O., dans les environs de Civray (Vienne), a été seule explorée. On y trouve des terrains quaternaires, des terrains tertiaires et des terrains secondaires.

Le **quaternaire** comprend ; 1° des *alluvions récentes* souvent tourbeuses et des *alluvions anciennes*, près de Civray, dans la vallée de la Charente.

Les **terrains tertiaires** comprennent de haut en bas :

— *Terrain de transport des plateaux.* — Il est formé de sables terreux avec cailloux roulés de quartz laiteux ; l'épaisseur est de plusieurs mètres ; les cailloux de quartz viennent du massif Limousin et ont été amenés avant le creusement des vallées. Cette assise comprend aussi des *argiles sableuses blanchâtres* (terre *bornais* des paysans), très abondantes sur les plateaux au nord de Charroux. C'est l'ancienne *terre de bandes*, car ce sol a été longtemps inutilisé.

— *Terre rouge à châtaigniers de la Vienne*, *argiles rouges à silex du Poitou.* — Elle se montre surtout autour de Civray. C'est une argile ferrugineuse perméable, quelquefois pure, d'autres fois avec limonite pisolithique, ou avec de gros silex non roulés du Bathonien et du Bajocien, ou avec des silex brisés en fragments. C'est une formation complexe, dont une partie doit provenir de la destruction des calcaires à silex du Jurassique, et l'autre des argiles sidérolitiques remaniées.

— **Sidérolithique** : *sables et argiles marbrés, argiles diverses à minerai de fer pisolithique et poudingues ferrugineux à la base.* Les couches *marbrées* sont en gisements épars, tandis que les argiles à limonite sont plus continues, notamment de Mauprévoir à Pleuville.

— **Formation lacustre**. — Au S. S. E. de Mauprévoir, près Combourg, j'ai trouvé un gisement de *Calcaire travertin* avec *silex meulière*, à la base du sidérolithique. Je n'y ai pas vu de fossiles.

C'est probablement l'analogue de la formation lacustre du Poitou, à moins qu'il n'y ait eu des lacs successifs dans la région. Des fossiles que j'ai trouvés sur les feuilles de Poitiers et de Châtellerault, ont été examinés par M. Munier-Chalmas, qui les croit de l'époque du *calcaire grossier supérieur*.

Les **terrains secondaires** comprennent des assises diverses du Callovien au Lias moyen.

Callovien. — Calcaires blancs sans silex à *Amm. anceps* et *Amm. macrocephalus*.

Bathonien. — *a*. Calcaires blanchâtres à points jaunes à nombreux rognons de silex pâles, avec *Amm. arbustigerus*.

b. Calcaires blancs avec *Ammonites zigzag*, *A. linguiferus* et *A. ferrugineus*. Ces deux derniers fossiles à la limite de la feuille et en dehors.

Bajocien. — On ne trouve pas la série des couches en superposition ; je comprends dans cet étage :

c. Les *Calcaires dolomitiques* des Malpierres, près Charioux, employés autrefois comme amendement et qui se développent considérablement sur la feuille de Poitiers.

d. Les *Calcaires blancs* de Surin et de Lizant, avec nombreux *coups de balai* (*Chondrites ?*) et *Ammonites Parkinsoni*, *Garanti* et *Martiusii*, *Belemnites sulcatus*, *Pecten*, *Nautiles et Pleurotomaires*. Ils rappellent tout à fait les calcaires en dalles de la Cueille-Poitevine, près Saint-Maixent, sauf que les *coups de balai* manquent dans ce dernier gisement.

e. Calcaires à *Terebratula sphæroidalis* de Mauprévoir avec géodes de calcédoine mamelonnée sur cristaux de calcite.

f. Calcaires lumachelles à *Ter. sphæroidalis* des environs d'Asnois et de Châtain.

g. Calcaires à silex avec *Amm. cf. Humphriesianus* de la Courcelle, la Péranche, Benest, etc., avec fentes garnies de cristaux de calcite et quartz bipyramidés.

h. Zones à *A. concavus Amm.* et *Murchisonæ*, formées de 1 m. de calcaire marneux à fossiles silicifiés et oolites ferrugineuses ; elle est visible à Asnois, Châtain, etc. Son aspect est identique à celui qu'elle montre contre le massif vendéen.

Les calcaires précédents sont couverts d'une terre rouge peu abondante, avec fragments calcaires ou siliceux, dite *groie* ou *groge*. Sur le Callovien, la groie est dite *sèche*, *petite groie ;* elle ne renferme pas de silex ; le sous-sol non plus. Sur le Bathonien et le Bajocien, la groie est plus argileuse, avec des silex ou chailles comme le substratum ; les paysans les appellent *groies fortes*, *groies chailleuses*.

Lias supérieur. — *a*. Près le Vigeant, la partie supérieure est formée de *marnes jaunes sableuses* avec *Amm. Aalensis*, *Rhynch. cynocephala* et *Ostrea Beaumonti*.

b. Marnes bleues à *Amm. Thouarsensis*, *Bel. irregularis*, *Bel. tripartitus*, reposant quelquefois directement sur les roches cristallines, comme à l'Isle-Jourdain.

c. 0 m.60 calcaire marneux à oolites ferrugineuses, avec *Amm. bifrons*, (*A. Levisoni*) et *A. communis*, (ou *A. Hollandrei*), comme vers le massif vendéen.

Lias moyen. — Calcaires gréseux jaunâtres, avec lits d'argile brune et rognons siliceux avec *Amm. spinatus*, *A. margaritatus* var. renflée, Bélemnites nombreuses, *Pecten æquivalvis*, etc.

En quelques points, la partie inférieure fait place à des amas de roche siliceuse très dure, formant de véritables monticules sur le bord des rivières, comme près d'Asnois et entre la Péranche et Pleuville. Coquand a signalé un massif analogue à la Roche d'Alloue, dans sa *Description de la Charente*.

MASSIF ARMORICAIN

FEUILLE DE RENNES

PAR

M. Ch. BARROIS

Professeur adjoint à la Faculté des Sciences de Lille,
Collaborateur principal.

Avec la collaboration de M. LEBESCONTE, *collaborateur auxiliaire.*

La feuille de Rennes est occupée en grande partie par les *schistes de St-Lô*, disposés suivant un vaste pli anticlinal, dirigé de Ouest à Est, du Méné Bel-Air à Rennes ; de part et d'autre de ce pli principal, s'abaissent au Nord et au Sud, deux ondes synclinales : le *bassin de Gahard* au Nord, le *bassin de Guichen* au Sud. Les différences des séries siluriennes de ces deux bassins, sont telles, que l'affaissement de leur fond a dû s'opérer lentement, progressivement et indépendamment, dès le début de l'époque silurique : il suffit pour le prouver, de citer l'étage des *schistes pourprés de Montfort*, épais de 2.000 m. dans le bassin du Sud, et manquant complètement dans le bassin du Nord, à 15 kil. de distance.

L'un de ces bassins, celui de Gahard, présente malgré son extension superficielle si réduite, une importance prépondérante, pour l'intelligence de la structure générale de la presqu'île armoricaine : il fit communiquer pendant les époques silurienne, dévonienne et carbonifère, les mers occidentales (Brest), avec les mers orientales de la Bretagne (Laval) ! Ce résultat énoncé par l'un de nous en 1885, a été établi par le Service de la Carte géologique de France (*Feuille de Pontivy publiée en 1890*) : « Au Nord de la voûte anticlinale formée par le massif « résistant du Méné-Bel-Air, le bassin de Gahard se trouva écrasé, disloqué, et « effondré vers la fin de l'époque carbonifère ; il descendit, limité au Nord et au « Sud par deux failles longitudinales principales, parallèles, de sorte que le toit « et le mur de ce massif affaissé, se trouvèrent également formés par l'étage « des phyllades de St-Lô. »

L'étude détaillée de la feuille de Rennes est venue préciser les résultats acquis par la feuille de Pontivy, en montrant comment s'était opéré le mouvement de descente, du bassin synclinal de Gahard : les failles tracées sur notre carte au 1/80000, expliquent d'une façon suffisante, les déformations mécaniques subies.

D'abord, les diverses assises qui constituent le bassin de Gahard, en couches voisines de la verticale, n'offrent pas la disposition simple d'un pli synclinal, où de part et d'autre du pli, la même série est répétée en sens inverse. Loin de là, et malgré le parallélisme et la concordance apparentes des diverses bandes d'affleurement de ces massifs, on constate qu'il y a de nombreuses lacunes entre elles, comme aussi des répétitions des mêmes bandes; on voit de plus que le nombre et l'âge de ces rayures varient suivant les divers méridiens du bassin : on doit en conclure que la structure du bassin n'est pas uniforme ni régulière d'une extrémité à l'autre.

Une série de coupes parallèles, menées transversalement à la longueur du bassin, de Caulnes (Ouest) à St-Aubin (Est), met bien en évidence ces différences; ce sont il est vrai, des différences de détail, sur lesquelles nous ne pouvons insister ici. Mais, elle fait voir en même temps certains caractères communs, sur lesquels il y a lieu de s'étendre, puisqu'ils nous permettront de dresser une coupe schématique, expliquant du même coup, tous les faits spéciaux.

Nous sommes ainsi arrivés à reconnaître que toutes les coupes observées, se déduisent rationnellement de la considération d'un pli synclinal déjeté au Sud dans la région occidentale, déjeté au Nord dans la région orientale du bassin de Gahard, et tranché ensuite uniformément par un faisceau de failles inclinées au Nord de 30° à 45°.

Les tranches ainsi découpées ont glissé les unes sur les autres, suivant un ordre constant, chacune d'elles descendant, par rapport à celle qui la suit au Sud. Les tranches descendues, varient en nombre dans les différents tronçons du bassin; l'absence des couches inférieures de la série, sur les deux bords Nord et Sud du pli synclinal, est par contre à peu près générale. Il en résulte que les parties les plus effondrées de ce bassin synclinal, déjà ridé et déjeté à l'époque de ces dislocations, proviendraient, non de son fond, mais de sa portion médiane relativement au niveau de sa surface. Les portions superficielles et profondes, abandonnées en arrière pendant ce mouvement de descente, furent plus tard balayées par les dénudations et ont donc disparu.

Ainsi, le bassin de Gahard, ne correspond pas à un ancien détroit de la mer paléozoïque, ni à un pli synclinal conservé en entier; ce n'est qu'une tranche de terrain, découpée par failles obliques, dans un synclinal siluro-carbonifère disparu depuis, et tombé dans une fosse, ouverte entre des murailles précambriennes, à pendage Nord.

Les figures schématiques suivantes permettront de saisir en un coup d'œil, notre interprétation de la structure du bassin :

Cette interprétation ne correspond pas à une hypothèse plus ou moins heureuse, qui rendrait compte de faits spéciaux, elle n'est que la simple représentation graphique de ces faits eux-mêmes. On observe, en effet, à l'Ouest du bassin, un massif de couches inclinées au Nord, présentant entre ses divers termes des lacunes et des répétitions ; à l'Est du massif, est un faisceau analogue

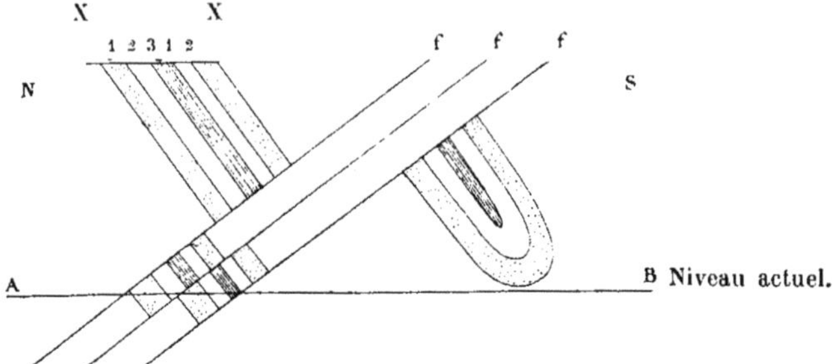

Fig. 1.

(Coupe transversale schématique du bassin de Gahard, suivant le méridien de Saint-Aubin-d'Aubigné). (Région orientale du bassin).

X. Schistes de St-Lô.
1. Silurien.
2. Dévonien.
3. Carbonifère.
AB. Niveau actuel du sol.
ff. Failles.

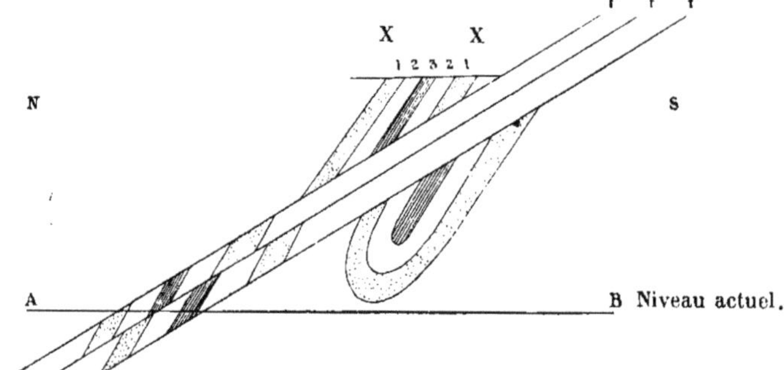

Fig. 2.

(Coupe transversale schématique du même bassin, suivant le méridien de Caulnes. Région occidentale du bassin.

X. Schistes de St-Lô.
1. Silurien.
2. Dévonien.
3. Carbonifère.
AB. Niveau actuel du sol.
ff. Failles.

plongeant au Sud ; tous deux sont généralement privés de leurs bords Nord et Sud, et particulièrement de ce dernier ; tous deux sont également tranchés par un grand nombre de failles parallèles, inclinées au Nord de 30° à 45°, et isolant des lambeaux uniformément descendus au Nord, comme il est facile de le reconnaître dans la plupart des carrières de la région (St-Germain, Bois de Broons, etc.). On ne peut nous attribuer ici, que la généralisation à l'ensemble du bassin, d'accidents de détail, visibles dans les carrières de la région.

La régularité des dislocations, telle que nous venons de la déduire de l'analyse des coupes transversales à ce pli synclinal, a été troublée de diverses manières et notamment par des effets secondaires, en vertu desquels le bassin ondule verticalement dans le sens de sa longueur.

La coupe schématique suivante, montre quelle fût la disposition du bassin de Gahard, avant la formation des failles précitées ; elle montre ce bassin plus profond à ses deux extrémités Ouest et Est, suivant les méridiens de Caulnes et de St-Aubin, plus relevé au contraire et moins profond en son milieu, suivant le méridien de Bécherel.

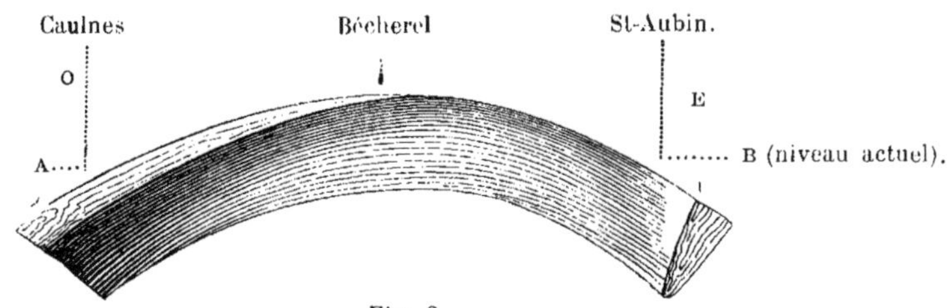

Fig. 3.
Profil en long du bassin de Gahard.

Par suite de ces dénivellations différentes, des tranches plus voisines du fond de ce pli, se trouvent ramenées à la surface actuelle d'affleurement dans le tronçon de Becherel, que dans ceux de Caulnes et de St-Aubin ; c'est pour cette raison, que le pli est si étroit dans la région de Bécherel, et relativement si large dans les régions de Caulnes et de St-Aubin.

Le bassin de Gahard, considéré suivant sa longueur donne encore lieu à une remarque importante : en effet, tandis que la moitié occidentale de ce pli synclinal est formée de couches verticales déjetées vers le Sud, sa moitié orientale est formée de couches verticales déjetées vers le Nord. L'ensemble de ce solide, vu dans l'espace, suivant son allongement, nous montre ainsi, que son plan axial au lieu de correspondre à une surface plane y est représenté en réalité par une surface hélicoïdale. Le plan axial du synclinal de Gahard a été déformé par un mouvement de torsion.

Les observations précédentes permettent ainsi de reconnaître les traces d'une série assez complexe de dislocations, superposées ; on doit les considérer comme des manifestations différentes d'une même cause, leurs différences sont imputables à ce que les premières sont ante-granitiques, les secondes post-granitiques : l'intrusion du granite qui les sépare, dans le temps, est venue modifier les conditions d'équilibre du massif.

Cette intrusion du granite de Bécherel, à l'époque carbonifére, postérieurement au ridement, est établie par les observations suivantes : ce granite coupe transversalement les couches paléozoïques redressées et plissées à Rouillac, comme aussi ces mêmes couches à l'Est des massifs de Caulnes et de St-Aubin ; dans ces points, les schistes sont métamorphisés et transformés en schistes micacés-maclifères, mais tandis qu'ils s'arrêtent brusquement, au contact du granite, les assises de quartzite se poursuivent dans le massif granitique, où elles constituent des crêtes cristallines quartzeuses remarquables. Ainsi, l'auréole métamorphique de ces massifs granitiques, témoigne, avec les apophyses gréseuses émises par les masses sédimentaires à l'intérieur de ces massifs, en faveur de la postériorité du granite, au ridement de la région : ces faits montrent de plus que ces massifs ont conservé leurs relations initiales de voisinage, de l'Ouest à l'Est. Il n'en est plus de même, du Nord au Sud. On constate, en effet, qu'au Sud des affleurements granitiques de Bécherel, la faille qui limite au Nord le bassin silurien, correspond à la limite des roches métamorphisées par le contact du granite, fait important en ce qu'il permet de conclure à la postériorité de cette faille longitudinale, et par suite du système des failles longitudinales de la région, à l'intrusion granitique.

Le gisement du granite au Nord du bassin de Gahard, de Bécherel à Hédé, montre une autre relation avec la structure tectonique de la région. Ce massif de granitite, considéré sur une carte à petite échelle, se rattache à une longue bande de massifs analogues, alignés de Loudéac à Fougères ; la direction de cet alignement se montre ainsi oblique à l'axe du pli synclinal de Gahard, c'est un fait encore unique en Bretagne, où les bandes granitiques coïncident habituellement avec les arêtes anticlinales. Cette exception perd toutefois beaucoup de son importance, quand on se rappelle que le bassin présente des ondulations verticales suivant sa longueur, et que le massif granitique de Bécherel coïncide précisément avec le point où l'arète synclinale atteignit sa plus grande altitude. Le granite a fait son apparition dans une partie de la bande synclinale de Gahard, qui décrivait une courbe convexe vers le haut, ou en d'autres termes, suivant une direction anticlinale superposée et oblique à la direction du bassin.

Nous avons montré plus haut que le plan axial du bassin de Gahard avait été soumis à une torsion : nous voyons ici que sa partie tordue se trouve être en même temps la plus élevée au-dessus de l'horizon, et celle où le granite a fait son apparition.

Ce mouvement de torsion, résultant évidemment de l'inégalité des tensions subies aux deux extrémités du bassin est en relation avec la venue du granite : le plan axial du pli synclinal se conforme en effet à cette règle, qu'il est toujours couché sur le massif granitique. Il pend donc au Nord, quand le massif granitique est au Sud ; il pend au Sud, quand le massif granitique est situé au Nord du bassin.

On peut attribuer, à ce même mouvement de torsion, la répartition des dykes de diabase, si nombreux au Nord du bassin de Gahard, et qui au lieu de présenter comme sur les feuilles voisines une direction uniforme au Nord, subissent une déviation intéressante. Ils sont groupés en faisceaux rayonnants, disposés les uns à la suite des autres, suivant la bordure septentrionnale du bassin, rappelant ainsi les figures obtenues par M. Daubrée, dans ses expériences sur la torsion des plaques de verre : les faisceaux rayonnants seraient les cassures produites par la torsion du bassin de Gahard, que les diabases seraient venues occuper seulement, plus tard vers la fin du carbonifère.

L'analyse de tous les mouvements du sol dont la trace nous est conservée dans le bassin de Gahard, montre en somme, qu'ils se relient à une même poussée latérale continue, qui pendant toute la période paléozoïque, agit dans e même sens, sur une bande de la croûte terrestre qui s'affaissait. Les accidents de plissement, de torsion et ceux qui déterminèrent les failles, sont la résultante d'un même mouvement, d'un effort dont le sens a été constant, et dont l'expression extérieure a seule varié. Les différents types de déformation présentés ainsi successivement, par le bassin, sont en relation avec les massifs granitiques de la région, qui ont agi passivement : avant l'intrusion du granite, les couches du bassin de Gahard se ployaient et se plissaient, après son intrusion, elles résistent au même effort, elles se tordent et se cassent.

Ainsi, les moyens mis en jeu varient, mais ils tendent vers un but unique : celui de réduire la surface et le volume du bassin. Pour atteindre ce but, certaines parties furent entraînées dans un irrésistible mouvement de descente, tandis que les autres furent refoulées ou laissées en arrière pour leur faire place, et lentement alors, la dénudation enleva toutes les parties qui ne purent s'accommoder de la fosse étroite, où la contraction de volume de notre globe tendait à les resserrer.

FEUILLE DE BARNEVILLE

PAR

M. A. BIGOT
Professeur à la Faculté des Sciences de Caen,
Collaborateur-adjoint.

Notice préliminaire sur la feuille de Barneville.

La feuille de Barneville comprend la série complète des terrains primaires du Cotentin, à l'exception des poudingues pourprés et du Permo-carbonifère.

Le Silurien, limité au Nord de la feuille, forme un anticlinal qui commence à Carteret pour se terminer entre Fierville et le Valdecie ; l'axe de cet anticlinal est occupé successivement de l'Ouest à l'Est par les schistes verts et dalles du Cambrien, le grès armoricain, les schistes à Calymènes et le grés de May.

Les schistes des Moitiers d'Allonne et de Carteret, par suite de leur presque horizontalité, occupent une assez grande surface ; à Carteret, on exploite à ce niveau des dalles violacées avec longues pistes d'annélides ; des bancs calcaires sont intercalés dans ces schistes qui passent en haut à des schistes pourprés, s'enfonçant sous le grès armoricain du Bosquet — ; ils représentent les schistes supérieurs aux conglomérats pourprés du Cambrien (S^{a-b}). — Les schistes à Calymènes présentent à leur base une asssise de quartzites bleus et de grés gris avec *Homalonotus Vieillardi*, *Calymene Tristani*, *Ascocrinus Barrandei*. Le grès de May très développé est blanc, avec *Homalonotus Bonissenti*, *Cadomia typa*, *Modiolopsis prima*, *Orthis Budleighensis* ; au Nord de Fierville la partie supérieure de ces grès devient schisteuse et représente probablement les schistes à *Trinucleus* de la Sangsurière, sur la feuille de St-Lô. Les ampélites n'apparaissent qu'au Nord et à l'Est du grès de May.

Le Dévonien forme un premier bassin au Sud de cette crête silurienne. Il débute par une assise de grès très épais comprenant de bas en haut : 1° des schistes bleuâtres ; 2° des grès blancs ou bruns à *Grammysia* (Fierville, Saint-Rémy-des-Landes) ; 3° des grès en petits bancs, verdâtres où gris, alternant avec des schistes grossiers et renfermant : *Homalonatus Gervillei*, *Leptæna Thisbe*, *Orthis Monnieri*, *Pleurodictyum problematicum*. L'assise des schistes à calcaires de Néhou est surtout formée de schistes verdâtres alternant avec de petits bancs de grès bruns qui sont fossilifères et contiennent : *Spirifer Venus*, *Wilsonia sub-Wilsoni*, *Chonetes sarcinulata*, *Pleurodictyum problematicum* ; le calcaire forme des lentilles peu épaisses, au moins à deux niveaux, dont un presqu'à la base de l'assise.

Au Nord de la crête silurienne commence un second bassin qui est surtout développé sur la feuille silurienne des Pieux ; l'assise des schistes et des calcaires de Néhou y bute par faille contre le silurien, et un filon de microgranulite, jalonne en partie cette faille. Dans les calcaires très développés, on peut distinguer deux niveaux, l'inférieur, calcaire gris à *Wilsonia Henrici*, le supérieur, calcaires et schistes noirs contenant la forme ordinaire de Néhou.

Les alluvions anciennes très développées autour de Portbail sont formées de sables jaunes avec petits galets de quartz, ou de dépôts de gros galets de roches anciennes. Dans le hâvre de Portbail les dépôts de l'ancien estuaire sont représentés par des argiles vertes sableuses avec Paludestrines, Lutraires, *Cardium edule*, etc.

En dehors du filon de microgranulite déjà cité, il existe quelques petits filons de kersantite, généralement décomposée ; le plus important commence à l'église de Besneville sur la feuille de Saint-Lô, traverse les grès du Dévonien inférieur et se termine après un parcours de 4 kilom. dans le silurien supérieur au Nord-Est de Fierville.

FEUILLE DE CHATEAU-GONTIER

PAR

M. L. BUREAU

Directeur du Museum de Nantes,

Collaborateur-adjoint.

Voir la notice explicative de la feuille en cours de publication.

ÉTUDE SUR LE GRANITE DE FLAMANVILLE

PAR

M. MICHEL LÉVY

Ingénieur en chef des Mines,
Directeur des services de la Carte géologique et des Topographies souterraines

Voir le Bulletin n° 36, récemment publié.

BASSIN DE LAVAL

PAR

M. Dr OEHLERT

Conservateur du Musée de Laval
Collaborateur principal

Cambrien. — De nouvelles explorations au Nord du bassin de Laval, n'ont fait que confirmer notre première manière de voir au sujet de la limite à établir entre le Cambrien et l'Ordovicien. Nous regardons comme Cambrien, l'ensemble des couches ayant à leur base le poudingue pourpré et s'élevant jusqu'au grès armoricain exclusivement, comprenant par conséquent trois niveaux fossilifères distincts avec Lingules : 1° Grès de Ste-Suzanne, 2° Psammites de Sillé-le-Guillaume, 3° Grès ferrugineux de Blandouet.

Ordovicien. — Le grès armoricain (base de l'Ordovicien) est nettement en transgression sur le Cambrien ; on le voit reposer en discordance sur le Précambrien : dans la Sarthe, à la Petite-Charnie, et dans la Mayenne, au N.-O. de Montsûrs, à Andouillé, etc., ainsi qu'au Sud du bassin de Laval. — On peut distinguer plusieurs niveaux dans les schistes ardoisiers supérieurs au grès armoricain. A Andouillé, où ils atteignent 50 mètres d'épaisseur environ, les schistes noirs de la Petite-Galette avec *C. Tristani*, *C. Aragoi*, *D. incerta*, sont inférieurs à la zône à nodules ; au-dessus de celle-ci vient une couche avec petits *Leptæna* et *P. Tourneminei* très abondants, et ce n'est qu'au sommet qu'apparaît la faune à *Trinucleus* dans laquelle on retrouve encore, quoique plus rarement, *C. Tristani*, *C. Aragoi* et *P. Tourneminei*. Dans la bordure Nord du bassin de Laval, aucune intercalation gréseuse n'existe dans cet ensemble de schistes; c'est seulement au-dessus qu'apparaissent les psammites jaunes ordoviciens (120 m.), puis les grès en plaquettes du Silurien supérieur et enfin les ampélites. — Au Sud du bassin de Laval (région de Montigné), la succession est différente. Le grès armoricain, si puissant au Nord, n'est plus représenté avec son faciès gréseux que par deux ou trois bancs peu épais à *L. Lesueuri* identiques à ceux qui sont exploités au sommet du même grès à St-Denis-d'Orques (Sarthe). (Les schistes immédiatement inférieurs à ces grès doivent être considérés comme un facies argileux du grès armoricain, et reposent sur des phyllades précambriens sans intercalation de Cambrien). Les schistes ardoisiers qui viennent au-dessus contiennent quelques rares fossiles (*C. Tristani*, *O. aff. Budleyensis*), puis vient une importante formation gréseuse (grès de la Sémondière) renfermant, près du Bignon, des *Aristocystites* analogues aux formes du d^4 en Bohême; celle-ci se termine par des grès en plaquettes contenant la faune de Saint-Germain-sur-Ille et par des psammites jaunes avec les mêmes *Orthis* et *Trinucleus*. Entre ces couches et celles du Silurien supérieur (grès et ampélites), on rencontre une nouvelle assise de schistes subardoisiers différents de ceux de la base par leur aspect souvent zôné. La différence des faciès, l'absence ou la rareté des fossiles ont été jusqu'ici un obstacle à l'établissement d'un parallélisme rigoureux entre les dépôts ordoviciens des deux flancs du synclinal de Laval.

Carbonifère. — Le terrain carbonifère qui occupe le centre du géosynclinal de Laval est représenté, soit par des bassins isolés et actuellement indépendants, soit par des enclaves à contours irréguliers. Dans le premier cas, les dépôts comprennent de bas en haut les assises du Culm (blaviérite, poudingue, schistes et grès avec anthracite), le calcaire à *P. giganteus*, et le calcaire et les schistes de Laval; cet ensemble est généralement compris entre deux bandes de grès à *O. Monnieri* formant un synclinal sur les flancs duquel les schistes et les calcaires dévoniens n'existent qu'exceptionnellement. Dans le second cas, les lambeaux carbonifères ne sont représentés que par les couches de la base du Culm et sont jalonnés, du N.-O. au S.-E., au-delà de la limite du grès à *O. Monnieri*. Par suite, on est en droit de conclure, qu'à la transgression carbonifère, a succédé une régression graduelle qui s'est principalement accentuée après les dépôts du Culm inférieur. Ce fait n'est cependant pas général, car, par suite d'oscillations locales, les couches les plus supérieures (schistes et calcaires de Laval) sont, dans la région de Grez-en-Bouère, en transgression sur les autres dépôts et viennent toucher les schistes précambriens.

Les dépôts carbonifères des environs de Laval, séparés de ceux de Saint-Pierre-la-Cour par une région de schistes et quartzites, sont circonscrits à l'Ouest par la bande de grès à *O. Monnieri* qui sert de limite à ce bassin ; celle-ci passe au Genest où elle forme une série de plis secondaires ; on peut suivre à l'intérieur de cette bordure la série ininterrompue des dépôts du Culm et rattacher ainsi à un même horizon les gisements d'anthracite exploités à l'Huisserie, à Montigné et au Genest. Nous ferons remarquer que le maximum d'épaisseur de la couche de charbon correspond toujours à un synclinal des assises sous-jacentes, ce qui est dû sans doute au mode de dépôt primitif dans des plis déjà esquissés, et à des phénomènes de compression qui n'ont fait qu'exagérer ce caractère.

Si l'on compare les assises carbonifères des flancs N. et S. du bassin de Laval, on remarque que l'anthracite, ainsi que les schistes et les grès qui l'accompagnent manquent au N. tandis que, inversement, le calcaire à *P. giganteus*, si bien développé au N., ne se retrouve pas dans la région Sud. Parmi les hypothèses qui peuvent expliquer ce fait, deux nous semblent plus particulièrement satisfaisantes : ou bien le maximum de sédimentation a été reporté alternativement tantôt au Sud, tantôt au Nord, ou bien les schistes et les grès du Culm, lorsqu'ils sont très puissants, sont un faciès équivalent du calcaire. Cette dernière hypothèse, qui nous paraît la plus probable, nous sert à expliquer la disparition du calcaire de Laval vers le S.-O. et son remplacement dans la direction des couches par les dépôts de poudingue, de quartzophyllades et d'anthracite de La Bazouge. Quelle que soit d'ailleurs l'interprétation adoptée, l'étude des environs de St-Georges-le-Fléchard et La Bazouge, nous a démontré que l'anthracite y est supérieur au calcaire à *P. giganteus*, par conséquent d'un âge plus récent que celui de Montigné et du Genest ; le faciès des roches, et en particulier du poudingue qui accompagne cet anthracite, est du reste tout différent, celui-ci contenant des galets d'arkose granulitique, éléments qui n'existent jamais dans les poudingues du Culm inférieur.

Tertiaire. — L'horizon des grès à Sabalites a laissé dans la Mayenne de nombreuses traces, sous la forme de sables et de blocs de grès isolés et disséminés à la surface du sol ; nous les avons retrouvés avec leurs fossiles caractéristiques dans la région de Meslay ; ils existent au N. de la crête de grès de Ste-Suzanne, dans toute la plaine précambrienne d'Evron et jusqu'au pied des buttes granitiques de Montaigu, Hambers, Jublains ; ces mêmes dépôts pénètrent dans la vallée de Marcillé, au Sud et à l'Ouest de la butte de Buleux et s'avancent vers le N. jusqu'aux collines de Champéon. Ces grès sont surmontés par place par des meulières qui occupent généralement des sommets (Forêt de Bourgon, Butte de Malabry à l'Ouest de Jublains) et par des calcaires lacustres (Marcillé).

Les sables et graviers du Pliocène forment aux environs de Mayenne des dépôts très épais et très étendus, principalement sur la rive gauche de la rivière ; ces dépôts ont été ravinés par les courants quaternaires qui, en creusant les vallées, ont dénudé le sous-sol laissant apparaître les schistes précambriens ou le granite.

PLATEAU CENTRAL

RÉVISION DU CANTAL AU 320.000e

PAR

M. MARCELLIN BOULE

Assistant de Paléontologie au Muséum de Paris
Collaborateur adjoint

Les courses que j'étais chargé de faire en 1893 devant servir à préparer la carte au 320.000e du Cantal, mes recherches ont porté sur la plupart des formations géologiques du massif. Voici, énoncés brièvement, les nouveaux résultats que je crois pouvoir publier dès à présent.

Il y a, sur la feuille d'Aurillac, une suite de lambeaux de terrain houiller appartenant à la traînée Decazeville-Champagnac. J'ai étudié avec soin le petit lambeau de Miécaze, où des grès et des poudingues houillers alternent avec des coulées d'orthophyre d'une conservation si parfaite qu'au microscope l'on ne saurait distinguer certains échantillons des trachytes tertiaires. Aux environs de Miécaze, les schistes cristallins sont de nature très variée ; il y a notamment des schistes séricíteux et carburés qui devront être séparés de la série des ζ et être rapportés à l'**x**.

Aux environs d'Aurillac, les sables du Miocène supérieur, avec faune de Pikermi, non figurés sur la carte au 80.000e, présentent beaucoup de développement en surface sinon en épaisseur. Le basalte miocène est absolument contemporain de ces sables : tantôt il les recouvre, tantôt il est recouvert par eux.

De pareils dépôts m'ont paru être abondants sur la feuille de Saint-Flour. Mais ici il est difficile de les séparer des argiles tongriennes à *Acerotherium*, car les deux terrains renferment les mêmes éléments, notamment les silex à patine particulière qui se trouvent en abondance au Puy-Courny et qui sont parfois identiques au silex des dépôts à chailles jurassiques de la Haute-Loire et de la Lozère.

Je suis en mesure d'affirmer que les éruptions d'âge miocène jouent, dans la structure du Cantal, un rôle plus considérable qu'on ne l'avait supposé. Il y a, notamment aux environs de Saint-Flour, plusieurs nappes basaltiques qui ont été confondues avec le *basalte des plateaux* (Pliocène supérieur) et qui, en réalité, sont miocènes. Le basalte qui forme la belle cascade de Saillans, par exemple, repose sur des sables oligocènes ou miocènes, tandis qu'il est séparé du basalte des plateaux par une forte épaisseur de cinérites trachytiques ou andésitiques.

On doit rapporter à cette même époque du Miocène supérieur une formation trachytique signalée par M. Fouqué sous le nom de domite, mais dont l'extension est plus considérable qu'on ne le croyait. On la trouve dans les hautes vallées de la Cère, de la Jordanne, de l'Alagnon, etc. C'est surtout dans la vallée de l'Alagnon qu'elle est plus particulièrement développée. Tantôt c'est un trachyte en masse, tantôt c'est un tuf ou une cinérite trachytique, de couleur très claire, qui ne doit pas être confondue avec les brèches et les tufs andésitiques qui la surmontent. Ces produits de projection, plus ou moins remaniés par les eaux, ont livré, à Joursac, le *Dinotherium*, l'*Hipparion gracile*, etc. Ils alternent parfois avec des argiles à lignites renfermant des empreintes de plantes. M. de Saporta, à qui j'ai envoyé un certain nombre d'échantillons, a pu déterminer 11 espèces et arriver à la conclusion que ce dépôt est plus ancien que les cinérites classiques du Cantal. Une coupe prise à Joursac montre que ces premières éruptions acides sont postérieures aux grands mouvements orogéniques de cette partie du massif central.

Je réserve pour plus tard certaines considérations relatives aux brèches andésitiques qui viennent au-dessus et forment la grande masse du Cantal. Je puis cependant, dès aujourd'hui, exprimer des doutes sur la localisation, à un seul et même niveau, des cinérites à plantes fossiles intercalées dans ces brèches. Relativement à l'origine du terrain connu sous le nom de *trass* et ressemblant fidèlement aux fameux conglomérats de Perrier, je suis porté de plus en plus à le regarder comme se rattachant étroitement à des éruptions volcaniques et n'ayant nullement une origine glaciaire.

J'ai trouvé, sur plusieurs points, des masses de basalte porphyroïde passées inaperçues jusqu'à ce jour (notamment une variété ressemblant au *basalte ophitique* du Mont-Dore) et j'ai pu constater que ce basalte occupe un niveau à peu près constant dans la série stratigraphique du grand volcan.

Il y a, près de Murat, sur les plateaux situés entre la vallée de l'Alagnon et celle de Dienne, une série de roches noires, augitiques, renfermant de l'haüyne en grands cristaux, qui paraissent représenter, dans le Cantal et à un niveau équivalent, les téphrites décrites par M. Michel Lévy au Mont-Dore.

Ainsi s'affirment de plus en plus les ressemblances étroites entre les deux massifs du Cantal et du Mont-Dore, tandis que le Velay est tout différent.

Je me permettrai de signaler comme particulièrement intéressante et synthétique, au point de vue de la succession des éruptions volcaniques du Cantal, la coupe que j'ai relevée au Puy-Mary et que M. de Lapparent a bien voulu faire graver pour la 3e édition de son *Traité de Géologie*.

Il y a, aux environs de Paulhaguet (feuille de Brioude) une formation alluviale, sous-basaltique, composée de sables quartzeux, jaunes, qui a été figurée comme quaternaire sur la carte géologique détaillée. Ces sables viennent de livrer des débris de *Mastodon arvernensis ;* ils doivent être rapportés au Pliocène moyen. Ils font, dans la vallée de l'Allier, le pendant des sables à Mastodontes de la vallée de la Loire dans le Velay.

Enfin, quelques jours passés aux environs de Bort m'ont permis de constater que cette région est extrêmement remarquable au point de vue des phénomènes glaciaires anciens. Je me propose de l'étudier avec soin dans ma prochaine campagne.

FEUILLES DE GANNAT ET D'AUBUSSON

PAR

M. L. DE LAUNAY

Ingénieur des Mines,
Attaché au Service Central.

Nos courses de 1893 ont eu pour but la fixation de quelques points laissés en suspens sur la feuille de Gannat, aujourd'hui achevée, et le commencement de celle d'Aubusson.

Les principaux faits établis sur la feuille de Gannat sont les suivants :

1° **Gneiss et micaschistes.** — Nous avons reconnu, dans les environs de St-Eloy, à Moureuille, l'existence d'un banc nouveau de cipolin en relation avec une zone d'amphibolites et de serpentines. Le passage constaté du cipolin à l'amphibolite peut être considéré comme un argument en faveur de l'origine présumée de cette dernière roche par métamorphisme de bancs calcaires. Ce cipolin contient : pyrite, feldspath, quartz, mica noir, grenat, amphibole, etc...

Les gneiss de cette région sont difficiles à distinguer des micaschistes, auxquels ils passent fréquemment et appartiennent, pour la plupart, à la zone intermédiaire entre les gneiss francs et les micaschistes, zone que nous proposons de noter ζ^{1-2}. L'allure de leurs feuillets met en évidence une déviation locale le long de la traînée houillère de St-Eloy, déviation que l'on retrouve, dans tous les terrains du Nord du Plateau Central, au voisinage de ce décrochement. Il semble qu'on assiste, dans l'espace compris entre cette traînée et la vallée du Cher, au conflit entre les deux directions de la Bretagne et du Morvan. Les zones de terrains, qui arrivent de l'Ouest avec une direction N. 120°. E, commencent, à partir du Cher, à subir des inflexions orthogonales N.30°. E, d'abord accessoires, puis, au-delà de la traînée houillère, tout à fait dominantes. La fracture même, où s'est produit ce dépôt houiller, dont nous avons constaté la continuité absolue de Souvigny à Pontaumur, paraît résulter d'une rupture d'équilibre entre les mouvements inégaux des parties Est et Ouest soumises à ces deux systèmes : elle joue ainsi un rôle analogue au faisceau des accidents du Forez qui, de même, n'est pas restreint à une faille unique, mais occupe une zone d'environ 20 kilomètres de large entre la faille de Thiers et celle de Saint-Priest. Conforme dans sa partie Nord aux synclinaux primitifs dont elle a épousé la direction, elle leur est transversale dans le centre du Plateau Central, au Sud de Saint-Gervais.

A l'Est de cette traînée houillère, on trouve sur la feuille de Gannat, deux synclinaux parallèles, c'est-à-dire N. 30° E, dans le terrain primitif : le premier est occupé par les micaschistes francs au milieu des gneiss et son axe est marqué par la coulée de microgranulites à types déjà pétrosiliceux de Servant et Pouzol ; le second est indiqué par les trois inflexions concordantes des tufs du culm au Sud de Manzat, des micaschistes et du tertiaire au Sud d'Ebreuil. Cette direction N. 30° E, qui prolonge directement celles du Morvan, s'accuse encore d'une façon bien nette dans les décrochements latéraux de la bordure Ouest du tertiaire entre Riom et Moulins, ainsi que dans la structure intime de ce bassin tertiaire de la Limagne bourbonnaise que nous nous proposons de décrire bientôt[1].

2° Terrains carbonifères et précarbonifères de Cusset. — L'étude des terrains anciens compris entre Cusset et Aronnes a fait reconnaître l'existence d'un certain nombre de zones Est-Ouest plongeant vers le Nord, qui paraissent coupées au Nord par un accident mécanique rattachable aux failles du Forez et qui, au Sud, affleurent suivant une saillie dirigée N. 60° E., c'est-à-dire oblique sur leur schistosité. Dans l'ensemble, on peut distinguer quatre zones, dont l'âge paraît de plus en plus récent quand on se porte du Sud au Nord.

La première, au Sud et au Sud-Est, est formée de terrains d'âge indéterminé (x) ayant nettement subi l'influence du granite voisin qui y pénètre, et y a produit les phénomènes connus : commencements de mâcles, leptites, etc. Plus au Nord, quelques lambeaux analogues se présentent en enclaves dans le granite.

Au Nord du terrain x, on a un ensemble de schistes plus ou moins gréseux, parfois ardoisiers, coupés en deux par un niveau, tout à fait caractéristique, de poudingues, que nous avons pu suivre dans toute la largeur du bassin. Sur l'âge des terrains au Sud des poudingues, nous n'avons aucune notion ; ceux au Nord comprennent, au contraire, presque immédiatement au dessus du poudingue, à l'Ardoisière, un banc de calcaire, surmonté à son tour, à quelques mètres de distance, par des schistes contenant la faune de Visé (Dinantien) découverte par Murchison. Il serait donc assez naturel de rattacher les schistes inférieurs,

[1] On la retrouve dans les grands filons de quartz, toujours très intéressants à étudier comme montrant la direction où se sont produits les efforts suivis de ruptures.

comme M. Le Verrier [1] l'a supposé pour des formations semblablement situées dans le Forez, au niveau de Waulsort.

Enfin, au Nord, on trouve une zone extrêmement importante de tufs porphyritiques du Culm, qui se prolonge, à l'Ouest, jusqu'au tertiaire de la vallée de l'Allier et qui, à l'Ouest du tertiaire de l'Allier, reparaît immédiatement près de Gannat pour se continuer jusqu'à la Sioule [2]. La reconnaissance de cette zone, deux ou trois fois plus étendue qu'on ne le croyait (à l'Ouest de l'Allier), confirme l'idée émise par M. Michel Lévy [3], sur l'existence, dans le Beaujolais, la Loire et le Nord du Plateau Central, d'une traînée presque continue de carbonifère reliant les plis varisques aux plis armoricains par deux grandes ondulations (en rapport avec les deux accidents du Forez et de St-Eloy signalés plus haut), dont les points extrêmes vers le Sud sont, l'un au Sud de Roanne, l'autre vers Pontaumur et montrant ainsi l'allure des plissements anté-houillers. Il est remarquable que cette zone, quoique déviée localement vers le Sud à la rencontre de la faille des terrains houillers St-Eloy-Champagnac, comme le sont tous les terrains au voisinage, soit pourtant transversale à cette traînée houillère dirigée environ suivant la bissectrice de l'ondulation des tufs. De même, à la traversée du tertiaire de la Limagne, elle fait un angle de 30° avec la direction principale N. 30° E. des accidents de ce bassin, c'est-à-dire qu'elle a une direction N. 60° E., déjà en rapport avec celles du Morvan.

Un fait intéressant à signaler est la façon dont cette zone, dans tout le Roannais, est suivie par des coulées de microgranulite. La grande coulée de Pouzol et Servant sur la feuille de Gannat, au Nord des tufs du Culm, représente la continuation du même phénomène.

3° **Terrain tertiaire**. — On peut distinguer, dans le tertiaire de la feuille de Gannat, quatre niveaux principaux :

1° A la base, est un niveau d'arkose rattaché, par continuité avec la feuille de Clermont, au stampien inférieur et, par suite, notablement plus récent que les arkoses du bassin du Cher (sanoisiennes) dont on retrouve l'équivalent dans la Limagne d'Auvergne, au-dessous des couches à striatelles d'Issoire.

Ces arkoses occupent toujours les bords du bassin. Près de Chateldon, elles renferment d'énormes blocs de quartz, peut-être dûs à la destruction d'un grand filon de quartz, blocs dont on voit, vers le Nord-Est, les dimensions diminuer progressivement. Près de Vichy, à Beaudechet, elles prennent un faciès spécial, dû à l'abondance des galets provenant du carbonifère voisin. Nous y avons trouvé là de belles empreintes de poissons, actuellement à l'examen.

2° Au-dessus, un niveau à Cerithium Lamarcki (aquitanien inférieur), qui existe plus au Sud sur la feuille de Clermont, reparaît avec une certaine extension dans une sorte de golfe ou de décrochement latéral du tertiaire compris

[1] Note sur le Forez, p. 46.

[2] Nous avons fait remarquer, dans une note précédente sur le terrain anthracifère du Puy-de-Dôme (*Bull. Soc. géol.*, 1888, p. 1086), que la granulite était certainement antérieure à ces tufs du Culm, puisqu'elle en formait le soubassement à Châteauneuf.

[3] *Bulletin de la Société géologique*, 3e s., t. XVIII, p. 690, séance du 14 sept. 1890.

entre Ebreuil, St-Bonnet, Bellenaves. Ce niveau passe, près de Bellenaves, à une lumachelle de *Cyrena semistriata* et contient, en divers points, le *Cerithium plicatum*, avec plusieurs Cérithes nouveaux que M. Munier Chalmas a reconnus sur nos échantillons et doit aller prochainement, avec nous, examiner sur place. Il y a là toute une faunule complètement ignorée jusqu'ici et d'un certain intérêt pour l'histoire de la Limagne.

3° Un niveau marneux très étendu ne contient généralement que des *Cypris Faba* en très grande abondance, avec quelques traces végétales. Au Nord-Est de St-Germain-des-Fossés, ce niveau passe à des bancs calcaires avec lymnées et planorbes (aquitanien supérieur).

Dans toute la région qui entoure Randan jusqu'à une dizaine de kilomètres à l'Est et à l'Ouest, des marnes analogues avec cypris renferment constamment *Nystia plicata* [1] (D'arch. et Vern.) qui, plus au Sud sur la feuille de Clermont, n'existe qu'à un niveau très inférieur (sanoisien) caractérisé par *Striatella barjacensis* (Fontannes). Comme autres fossiles nous n'avons pu, malgré de longues recherches, y trouver que des débris indéterminables de lymnées et planorbes. Malgré l'existence de ces *Nystia plicata* que nous n'avons jamais rencontrées ailleurs dans les marnes semblables de la région, nous n'avons pas cru devoir affirmer une distinction d'âge entre ces deux séries de marnes, dont la relation statigraphique n'a pu être établie dans un terrain généralement masqué par des sables pliocènes ou par des cultures ; mais nous les avons séparées par un contour.

4° Le niveau à *Hélix Ramondi* est localisé et surtout développé dans l'Ouest et le Nord de la feuille, notamment à Chaptuzat, à Gannat, entre Billy et St-Gérand-le-Puy, etc. Près de Vichy, ce niveau est représenté par les calcaires du Vernet qui contiennent des débris de vertébrés. Ces calcaires y sont séparés des arkoses de Beaudechet par des marnes à *Cypris faba* qui affleurent à Cusset.

Comme fossiles, nous y avons trouvé, avec M. de Grossouvre, dans la région de St-Gérand-le-Puy, outre les vertébrés bien connus, trois espèces nouvelles pour la faune oligocène du Plateau Central : une petite variété de l'*Hélix Moroguesi* (Brongn.), du calcaire de l'Orléanais ; une valvée nouvelle, ayant quelque affinité lointaine avec *Valvata Radiatula* (Sandb.) de la mollasse d'eau douce supérieure d'Allemagne ; enfin, une autre valvée rare qui paraît être un *Craspedopoma* [2].

5° Enfin, le bassin, absolument isolé, de Menat, qui d'après ses caractères stratigraphiques, a été isolé dès l'époque même de son dépôt, appartient, d'après de récents travaux de M. de Saporta, à l'aquitanien, tandis qu'on le plaçait autrefois au-dessus des couches à *Melania Aquitanica*, dans l'helvétien.

D'une façon générale, il y a lieu de noter la discordance entre ces divers niveaux, dont la série est loin d'être toujours complète, surtout dans le Nord. Quand on se dirige vers le Nord, on voit les niveaux inférieurs diminuer d'im-

[1] Détermination de M. Munier Chalmas.
[2] Les déterminations de ces fossiles sont dues à M. Depérèt.

portance : les affleurements d'arkoses et de calcaires à *Cerithium Lamarcki* disparaissent même complètement au Nord sur la feuille de Moulins ; mais les arkoses se poursuivent sur la bordure Est et vont, sans doute, par La Palisse, Saint-Pourçain-sur-Besbre, le Donjon, se relier à celles du bassin de Roanne. Sur la bordure Ouest, on voit, à Coulandon, Souvigny, etc. le calcaire à *Hélix Ramondi* reposer directement sur le soubassement ancien.

On peut également citer l'existence de marnes gypseuses en plusieurs points : colline de Montpensier, butte de Naves, etc. : ce qui paraît indiquer la persistance d'eaux saumâtres après le dépôt des couches à *Cerithium Lamarcki*, peut-être jusqu'à la fin de l'aquitanien.

Feuille d'Aubusson. — Sur la feuille d'Aubusson, nous n'avons à noter, jusqu'ici, que l'allure N.E.-S.O. des diverses zones de terrains, gneiss, micaschistes, granite, granulite, dans le Sud-Est de la feuille, allure continuant celle qui existe plus à l'Est, sur la feuille de Gannat, le long de la grande faille des terrains houillers. Sur tout le reste de cette feuille, au contraire, on retrouve, très nette, la direction armoricaine N.O.-S.E., qui avait été troublée localement, et sur quelques kilomètres de large seulement, au voisinage de la traînée houillère. Cette direction est notamment celle des terrains carbonifères de Gouzon, Chambon, Evaux, Château-sur-Cher, au Nord de laquelle commencent brusquement les gneiss, tandis qu'au Sud on avait du granite. Les grands faisceaux de filons de microgranulite et de quartz sont, les uns parallèles, les autres perpendiculaires à cette direction.

FEUILLE DE LIMOGES

PAR

M. U. LE VERRIER
Ingénieur en Chef des Mines, attaché au Service Central.

La feuille de Limoges comprend deux régions assez distinctes.

I. — RÉGION GRANITIQUE

Tout l'Est est occupé par le granite porphyroïde, appartenant au bord du plateau central : ce soubassement de granite est couronné par un grand nombre de massifs de granulite. Sur sa limite Ouest, ces massifs se rejoignent, et la granulite à gros grains forme une bande continue du Nord au Sud, large de deux ou trois kilomètres : elle est souvent schisteuse, et englobe de nombreux lambeaux de micaschiste.

Ce plateau granitique semble séparé de la région schisteuse qui s'étend à l'Ouest, par une zone de fractures, et par une série de failles. A la bande de granulite succède une bande de roches schisteuses métamorphiques, toujours très décomposées, très variables d'aspect : elles paraissent en général plonger vers la granulite. De nombreux filons quartzeux les traversent. On dirait une zone d'affaissements où les terrains ont été brisés en lambeaux incohérents par une série de fractures.

II. — RÉGION SCHISTEUSE

A l'Ouest de cette région brouillée, s'étend une série de micaschistes, gneiss, amphibolites, plissés et percés par des pointements éruptifs. La stratigraphie de ces terrains, qui recouvrent la plus grande partie de la feuille, est assez difficile à dégager, parce qu'ils sont à chaque instant interrompus par les pointements de granite, et en outre modifiés par une série de phénomènes métamorphiques, qui font varier d'un point à l'autre la structure d'un même niveau. Il est probable, en outre, qu'aux plis anciens, qui se développent assez régulièrement, sont venus se superposer des failles, indiquées par des brouillages, des filons quartzeux, mais à peu près impossibles à suivre par suite de l'absence de niveaux caractéristiques. Les amphibolites fournissent des horizons locaux; mais le grand nombre de leurs couches rend les raccordements assez incertains ; on peut du reste constater que leur épaisseur est très variable, et rien ne prouve que des bancs très analogues séparés par de faibles distances, n'occupent pas des niveaux différents.

Je donnerai d'abord les coupes normales, qu'on peut relever dans les régions peu nombreuses que le métamorphisme et les injections éruptives n'ont pas trop défigurées. J'examinerai ensuite les effets ordinaires de ce métamorphisme, puis je décrirai sommairement l'allure générale des terrains et des principales roches éruptives.

ROCHES STRATIFIÉES

Coupes normales. — On trouve une assez bonne coupe de l'Ouest à l'Est de Magnac à Lussac, en passant par St-Germain-les-Belles, la Croisille et le mont Gargan. Les pendages, comme les récurrences des amphibolites indiquent nettement un synclinal complet dont St-Germain occupe le centre, puis un anticlinal dont l'axe passe au Mont Gargan : la série des amphibolites reparaît sur le flanc Est de cette montagne, à Sussac, formant un demi-synclinal, interrompu par la zone de brouillage déjà signalée (Fig. 1).

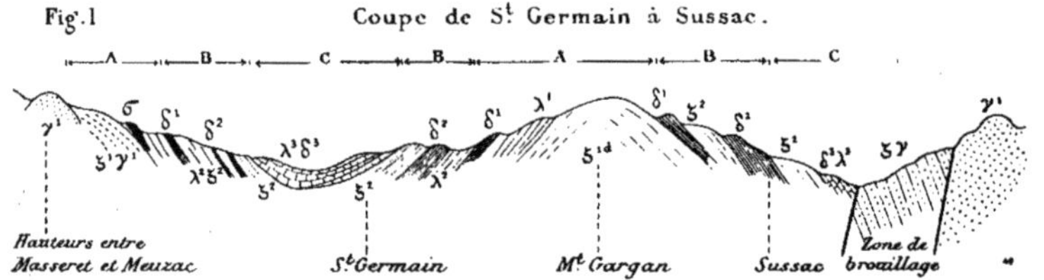

Fig. 1 Coupe de St Germain à Sussac.

A partir de St-Germain on peut observer de haut en bas la succession suivante :

C. Micaschistes et amphibolites en plaquettes (δ^3) alternant avec des leptynites compactes (λ^3), en lits minces, ressemblant exactement (sauf leur allure interstratifiée) aux filons minces de granulite aplitique qu'on trouve dans le même terrain.

B. Micaschistes avec lits grenus d'apparence leptynitique (λ^2), mais de structure moins fine que les précédents et souvent assez riches en mica noir : au milieu et vers la base de cet étage, gros bancs d'amphibolites plus ou moins schisteuses (δ^2).

A. Banc de pyroxénite (δ^1) massive : gneiss granulitiques ou leptynites plus ou moins cristallins (λ^1). Micaschistes passant aux gneiss, formant de grandes dalles (ζ^1 ?).

Sur les flancs Ouest du Mont Gargan, ces micaschistes sont granitisés : mais au sommet (axe de l'anticlinal) et sur le flanc Est, ce sont de vrais micaschistes.

Si on suit l'anticlinal vers le Nord, ils passent au contraire à des gneiss granitiques, et on voit apparaître au centre un massif de granite. Dans cette région (St-Léonard, St-Denis des-Murs), les coupes deviennent moins nettes et il ne reste plus que des épaisseurs plus faibles de terrains schisteux entre les divers massifs de granite qui s'entourent de gneiss métamorphiques.

Fig. 2 Coupe de St Martin à Jourgnac

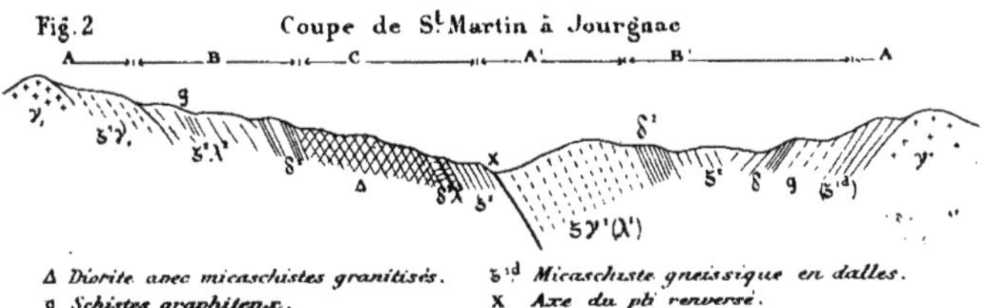

Δ Diorite avec micaschistes granitisés. g Schistes graphiteux. ζ¹ᵈ Micaschiste gneissique en dalles. X Axe du pli renversé.

On trouve aussi une coupe assez régulière vers le milieu de la feuille, de l'Ouest à l'Est, au Nord de Nexon (Fig. 2). En partant du granite de St-Martin-le-Vieux, on rencontre, pendant vers l'Est, des gneiss (A), puis une assez grande épaisseur de micaschistes avec leptynites grenus (B), puis des amphibolites et micaschistes souvent transformés en diorite (BC), et des micaschistes séricitеux (C) : ensuite, sans que le pendage change, on retrouve des gneiss granulitiques (A') et des micaschistes avec amphibolites (B') : il y a enfin relèvement des couches vers l'Est et après avoir traversé quelques micaschistes avec couches d'amphibolite, on trouve des gneiss en dalles (A) s'appuyant sur un petit massif granitique. Vu sa grande étendue, cette coupe est probablement double; il semble y avoir vers Nexon, un anticlinal laminé et couché vers l'Ouest.

Schistes graphiteux. — On rencontre en divers points, surtout vers la base de l'étage B des schistes à graphite, que j'ai pensé d'abord pouvoir caractériser un niveau. Mais leur répartition est très irrégulière. D'autre part le graphite apparaît souvent dans des brouillages, il s'associe à des filons quartzeux nets, et il ne semble pas douteux qu'en certains cas son origine ne soit filonienne.

Classification des terrains. — Dans les coupes normales on trouve toujours au-dessous des amphibolites δ^2 et δ^3 des micaschistes francs, et on ne peut classer les étages C et B que dans les ζ^2. — Quant à l'étage A dont le sommet serait caractérisé par le niveau des pyroxénites et des éclogites, on peut le rattacher aux ζ^{1-2}. Cependant, il contient encore beaucoup de micaschistes, et son facies normal est tout au plus intermédiaire entre celui des micaschistes et des gneiss : il devient très souvent gneissique, mais en général au voisinage de massifs granitiques. D'autre part on voit souvent apparaître des lentilles gneissiques au milieu des micaschistes supérieurs.

Il est donc douteux qu'il y ait en Limousin un système de gneiss occupant

[1] La coupe de Brives à Tulle qui a servi de base pour classer les terrains sur la feuille de Brives est dans une région très métamorphique, et la limite des gneiss y a été fixée beaucoup plus haut que le niveau que je propose.

comme dans la Loire une position stratigraphique déterminée : il n'y a que des micaschistes granitisés : ce métamorphisme s'est plus ou moins propagé jusqu'à une hauteur variable, affectant une plus ou moins grande partie de la série des terrains ; il est plus fréquent vers la base, mais il peut atteindre jusqu'au sommet, et il peut quelquefois manquer dans les couches les plus profondes, comme au Mont Gargan.

Régions métamorphiques. — En dehors du métamorphisme général auquel on peut attribuer hypothétiquement la formation même des micaschistes, des leptynites. et qui serait de date extrêmement ancienne. on peut distinguer deux modes de métamorphisme local : l'un peut se rattacher à l'éruption du granite, l'autre à celle de la granulite.

Métamorphisme granitique. — Les granites ont formé des massifs nombreux, qui s'entourent, surtout dans les anticlinaux, de gneiss granitoïdes souvent difficiles à séparer de la roche éruptive. (On y trouve des gneiss à cordiorite.) Les lentilles de gneiss situées au milieu des micaschistes, paraissent avoir en profondeur des racines granitiques ; dans les tranchées fraîches du chemin de fer, on peut y voir des injections cunéïformes, des dykes et des dômes de granite, que les filons de granulite traversent sans s'y mélanger. — Enfin, la diorite dont nous parlerons plus loin, n'est peut-être qu'un facies du même métamorphisme, spécial aux étages supérieurs riches en terrains basiques.

Ce métamorphisme atteint son maximum dans la bande qui s'étend de St-Priest-Ligonre à St-Pierre-Buffière ; la coupe y est réduite à une succession de diorites (occupant le centre du synclinal), de granite à amphibole, et de granite ordinaire. — En s'écartant de cette région on retrouve les micaschistes qui forment synclinal entre les massifs de granite.

Métamorphisme granulitique. — La granulite paraît avoir injecté et transformé complètement une large zone qui traverse la partie Sud de la feuille, allant de Roche-Abeille à Masseret, et à Meilhac. Toute cette région est occupée par des gneiss granulitiques cristallins ; elle est bordée au Sud par la série des gisements de kaolin de St-Yrieix et de Coussac, au Nord par des pointements de granulite massive. Les couches s'infléchissent autour de cette zone qui semble correspondre à un relèvement. à une sorte d'anticlinal transversal. On y trouve quelques lambeaux d'amphibolite conservés : mais le plus souvent ces roches ont été en partie refondues et ne se traduisent que par la présence de gneiss amphiboliques.

En dehors de cette région,on trouve souvent des gneiss granulitiques,à grain plus fin, parfois à structure compacte, interstratifiés dans les micaschistes.Telle est la bande (dirigée N. O.-S. E.) désignée sous le signe λ^1 dans notre première coupe : près de la Croisille elle est au-dessous des amphibolites ; mais si on la suit vers le Sud, elle les coupe : là on peut voir l'amphibole fondue et recristallisée en gros cristaux, au milieu des lits granulitiques : plus loin cette bande s'élargit et vient se rejoindre à la grande zone granulitique dont la direction est transversale.

Nature des leptynites. — Cet exemple conduit à examiner quelle est la véritable nature des roches que j'ai désignées sous le nom de leptynites, suivant la nomenclature adoptée par M. Mouret. Sont-ce de véritables strates, ou des zones métamorphiques ? Leur structure est-elle due à la nature primitive de la roche, qui aurait été originairement plus siliceuse que les schistes voisins, et n'aurait subi comme eux, d'autre modification que celle d'un métamorphisme général ? Ou bien doit-on l'expliquer par l'injection locale et plus récente de la granulite ou des vapeurs qui ont accompagné son éruption ?

A ce point de vue il faut distinguer les trois types marqués λ^1 λ^2 et λ^3 dans notre coupe normale. Pour le type λ^1 qui se montre souvent au-dessous des amphibolites, l'action du métamorphisme local et éruptif ne paraît pas douteuse, comme nous venons de le voir : on peut y rattacher les gneiss granulitiques à l'Est de Nexon, ceux d'Aixe, ceux de Magnac : les exemples de refusion des amphibolites y sont fréquents.

Pour le type λ^3 qui, dans la coupe normale se présente au sommet de la série, la question est plus douteuse : la structure des roches rappelle tout-à-fait celle de la granulite aplitique ; la présence de filons analogues suggère l'idée d'une origine éruptive ; mais l'allure interstratifiée en lits minces très réguliers, alternant avec les amphibolites sans aucun phénomène de passage, sans aucune action de contact, plaiderait pour l'origine sédimentaire (ou du moins pour un mode de formation contemporain de celui des amphibolites).

Ce sont surtout ces deux types qui représentent exactement les roches marquées en leptynites par M. Mouret : quant au troisième type, λ^2, je lui étends ce nom faute d'un meilleur pour le distinguer des micaschistes avec lesquels il alterne. Ce sont des lits assez minces, plus grenus, moins schisteux que les roches voisines : ils ressemblent à des grès ou à des quartzites, parfois à des arkoses granitiques (ou à des granites fins) lorsqu'ils sont riches en mica.

Ceux-là ne présentent aucun indice de métamorphisme local : on doit les considérer comme des strates de nature particulière. Ils formeraient un horizon précieux, si on pouvait leur assigner un niveau bien déterminé. Malheureusement, il n'en est pas ainsi. Ils abondent, il est vrai, dans la partie inférieure de l'étage B ; mais ils se retrouvent à d'autres niveaux, avec des épaisseurs et un développement très variables.

Allure stratigraphique. — Les plis de la région sont en général N. N.O. Mais les couches s'infléchissent souvent dans une direction différente, donnant lieu à une série de plis ou d'accidents alignés E.-O. — Ces zones transversales ont été le théâtre de phénomènes éruptifs et métamorphiques intenses : on peut en distinguer trois dans la feuille : 1° Celle de Masseret au Sud, qui serait une zone de relèvement occupée par des gneiss granulitiques ; 2° Celle de Ligonre, au milieu de la feuille, qui représente au contraire, une zone d'affaissement ; occupée au centre par la diorite, dans la partie où elle traverse le prolongement du grand synclinal N. N. O., elle passe au granite à l'Ouest et à l'Est, là où elle rencontre le prolongement des anticlinaux : plus loin, elle se continue vers Rozier, par une série de petits synclinaux, dirigés N. E., écrasés entre des massifs de granite ; 3° Dans l'angle N. O. de la feuille, se développe d'Aixe à Conzeix une autre bande granulitique dont les relations stratigraphiques sont moins nettes, et où dominent des micaschistes à mica blanc.

ROCHES ÉRUPTIVES

Granite.— Le granite doit former, à une profondeur peut-être assez faible, le substratum de toute la région. Il apparaît presque toujours en massifs arrondis dans les anticlinaux : ces massifs, autour desquels les couches s'infléchissent, pendant vers l'extérieur, ont une structure schisteuse sur les bords ; le granite y passe graduellement à des gneiss granitoïdes, se prolongeant à une hauteur variable dans la série schisteuse. — Le grand massif au S. de Limoges, est dans ce cas : ainsi que celui qui s'étend entre Linard et Rozier sur le prolongement de l'anticlinal du Mont Gargan. Ils s'entourent de petits pointements, et d'apophyses injectant les schistes.

Ces massifs ont été amenés au jour par les plissements orogéniques : le granite y joue le rôle d'un terrain inférieur, dont la limite ne serait pas horizontale, mais hérissée de bosses produites par l'ascension locale du magma dans le toit qu'il refendait.

Un autre genre de pointements émergent au milieu des micaschistes comme à Nexon, à Chassagnas. Ceux-là ont percé les couches sans les dévier, et c'est une véritable éruption qui les a amenés à leur niveau actuel, au milieu des étages supérieurs du terrain primitif. Ils ont une auréole de gneiss beaucoup plus réduite. Leur structure est granulitique et ils contiennent souvent du mica blanc : ils sont en général pauvres en mica noir. (Il est difficile cependant de les séparer des vrais granites.) Ils sont aussi schisteux sur les bords; à Chassagnas, une partie du massif est constitué par de beaux gneiss exploités pour pierres de taille.

Un troisième faciès, tout particulier, est celui des diorites, dont nous parlerons plus loin.

Granulites. — La granulite se montre en filons nombreux dans toute la région ; il est rare que ces filons pénètrent dans les massifs granitiques, quoiqu'ils abondent à leur périphérie. Ils forment aussi des auréoles autour de certains massifs dioritiques. La granulite en masse forme des rangées de collines escarpées dans le Sud de la feuille, sur le bord de la zone de gneiss granulitiques, auxquelles la roche éruptive passe graduellement.

Serpentines. — Les serpentines forment des traînées de lentilles sur la limite des gneiss granulitiques, vers la base de l'étage B. — Quoique ces lentilles soient interstratifiées, on peut reconnaître parfois que la concordance avec les schistes encaissants n'est pas parfaite : j'ai retrouvé dans quelques pointements des traces de roches basiques moins altérées. Quoique les serpentines soient assez voisines des amphibolites, on ne peut observer aucune relation entre les deux roches, et je ne connais pas d'ampibolites serpentinisées. On trouve près des pointements de serpentine des schistes actinolitiques d'aspect tout spécial, qui semblent dus à une action de contact produite par une roche éruptive : cette roche a dû être intrusive plutôt qu'épanchée, car l'action se produit surtout sur le toit.

Presque partout, la serpentine est percée et entourée par des dykes de granulite, quequefois par des filons quartzeux. Le terrain encaissant est profondément décomposé, et on l'exploite pour tuileries.

D'après ces observations, il semble que la serpentine soit une roche éruptive altérée, dont la sortie a dû avoir lieu à travers les schistes déjà relevés, et précéder celle des granulites qui ont souvent utilisé les mêmes fractures.

Diorites. — Ces roches présentent beaucoup de variétés : leur faciès le plus

Fig. 3 Coupe N.S. à travers la diorite de Pierre Buffière.

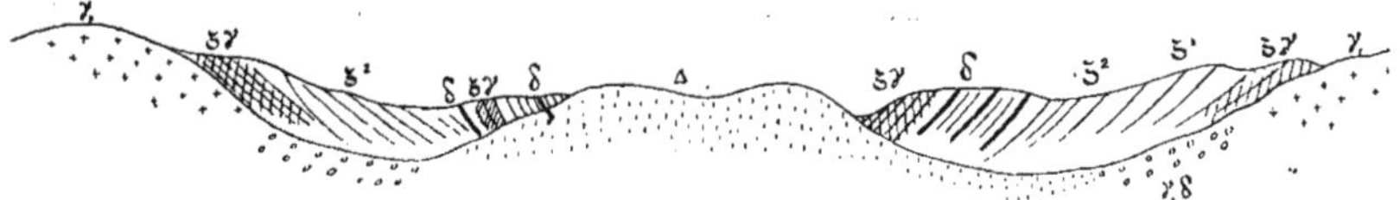

ordinaire est celui de gneiss granitoïde chargé d'amphibole : on y trouve de nombreux débris d'amphibolite qui en attestent l'origine éruptive ; les couches de micaschistes voisins plongent en général sous les diorites, et sont presque

Fig. 4.

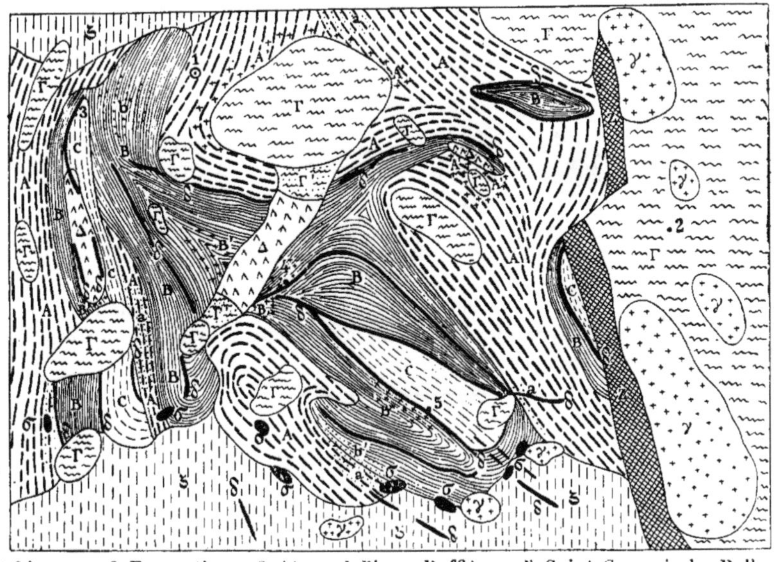

1 Limoges ; 2 Eymontiers ; 3 Aixe ; 4 Pierre-Buffières ; 5 Saint-Germain-les-Belles.

A Micaschistes et gneiss.
B Micaschistes moyens.
C Micaschistes supérieurs avec amphibolites et leptynites.
A'B' *Idem*... granitisés.
a' b' *Idem*... granulitisés.
ζ Gneiss granulitiques.
Z Schistes et gneiss granutilisés et décomposés ; zone de brouillage.
Γ Granite.
γ Granulite.
Δ Diorite.
Γ' Granite à amphibole.
σ Serpentine.
δ Couches principales d'amphibolites.

toujours transformés en gneiss granitique. — D'ailleurs la diorite se rattache souvent sur ses bords à des massifs de granite et il y a alors passage graduel entre les deux roches, par des granites à amphibole. Ces relations traduites par les croquis ci-dessus (Fig. 3 et 4), semblent prouver que les diorites représentent un terrain de composition relativement basique refondu par le granite. La fusion a été plus ou moins complète et parfois on voit des couches plus résistantes se prolonger un peu au travers de la diorite avant de s'y perdre. Le granite normal se trouve à la base les anticlinaux ; la diorite plutôt dans les synclinaux, où elle remplace souvent l'étage des amphibolites supérieurs.

Le plus souvent les diorites se montrent en lentilles ou en bandes orientées parallèlement à la direction générale des couches ; seul le massif de Pierre-Buffière s'allonge en travers des plis principaux. Mais les couches s'infléchissent à son voisinage (Fig. 5) : il parait représenter une zone d'affaissement, une sorte

Fig.5 Schema théorique des plis autour de Pierre Buffière

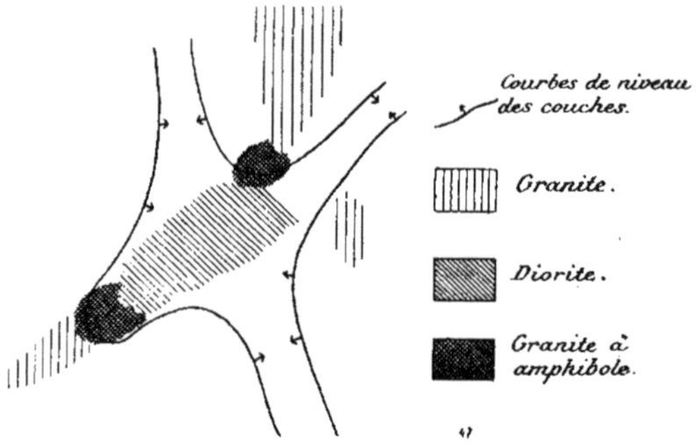

d'entonnoir vers lequel convergent deux synclinaux perpendiculaires l'un à l'autre. Par ces deux extrémités il se fond avec deux massifs de granite qui occupent les anticlinaux.

FEUILLE DE TULLE

PAR

M. G. MOURET
Ingénieur en Chef des Ponts et Chaussées
Collaborateur adjoint

La feuille de Tulle s'étend partie sur le bassin permo-carbonifère de Brive dont nous avons publié en 1891 une monographie détaillée, partie sur les terrains cristallins dont nous nous occuperons seulement ici.

Ces terrains comprennent, au Sud-Ouest, des schistes finement cristallins sans fossiles que nous assimilons aux Phyllades de Saint-Lo, et, au Nord, affleurant sur une portion beaucoup plus vaste de la feuille, des gneiss et micaschistes inférieurs aux schistes fins.

Ces deux systèmes en concordance se distinguent là, comme ailleurs, non-seulement par la nature des masses schisteuses qui les constituent, mais encore par la composition et l'allure de la plupart des roches contemporaines qui leur sont subordonnées. Leur ensemble répond à la description de l'Algonkien cristallin de l'Amérique du Nord.

Phyllades. (*Précambrien* des Aut. français, *Archéen* d'Hébert). — Système composé, à la base, de *schistes cristallins séricileux* à grain fin, feuilletés, et dans la partie moyenne et supérieure, de *phyllades* alternant avec des assises de schistes gréseux et de quartzites micacés.

Comme roches subordonnées, cette formation ne contient que des types basiques : quelques *amphibolites* à la base, au sein des schistes séricileux, puis des *diabases* (associées à des roches vertes compactes et schisteuses) dans la partie moyenne des phyllades. Les roches diabasiques, y compris les quartzites et quelques phyllades interposés affleurent sur une largeur de plusieurs kilomètres.

Gneiss et micaschistes (*Terrain primitif*, *cristallophyllien* ou *archéen* des Aut. français). — Système formé — à la base visible et dans les parties moyennes, de *gneiss rubannés*, avec quelques intercalations micaschisteuses parfois épaisses — à la partie supérieure, de schistes micacés et *micaschistes* qui passent supérieurement aux schistes séricileux.

Comme roches acides subordonnées, les « *Leptynites* » (*granulite-gneiss* des Allemands),roches grenues de quartz et feldspath,peu micacées, massives,zonées ou rubannées, disposées en bancs très réguliers,peu épais, bien assisés,généralement homogènes, mais dont la composition varie brusquement d'un banc à l'autre. Dans l'ensemble ces bancs se groupent en nappes épaisses, étendues, interstratifiées, occupant divers niveaux dans la série moyenne des gneiss. A la base et quelquefois sur toute leur épaisseur, mais toujours au voisinage du granite, les leptynites sont transformées en roches gneissiques analogues aux gneiss rouges granulitiques.

Comme roches basiques, il y a, d'une part les *péridodites* et *serpentines*, en amas peu étendus (Le Lonzac, Condat) vers la partie supérieure de la zone des leptynites, et d'autre part des *amphibolites* avec quelques *pyroxénites*

Les amphibolites, généralement très basiques, à éléments blancs peu visibles, sont plus ou moins schisteuses dans les gneiss, feuilletées et parfois en lits très minces (*quelques millimètres*) dans les leptynites. Leur structure dépend donc non de leur niveau, mais simplement de la nature de la masse acide qui les comprend.

Les amphibolites des gneiss forment des nappes d'une épaisseur faible et bien régulière, interstratifiées, nettement distinctes des roches encaissantes qui ne sont modifiées ni au toit ni au mur. Sur les bords, ces nappes basiques se terminent en échelons brusques, leur schistosité prolongeant d'ailleurs rigoureusement celles des schistes acides, loin que ceux-ci contournent les amas basiques. La composition, comme pour les leptynites, peut varier brusquement d'une nappe à l'autre, même quand les deux nappes se succèdent sans couche acide interposée. Par exemple une nappe massive grenatifère peut reposer sur une nappe schisteuse du type le plus commun, et sans aucun rapport de composition avec la nappe sus-jacente, ni passage graduel. Dans l'ensemble et dans le détail rien ne rappelle une allure sédimentaire ordinaire.

Les nappes d'amphibolites se groupent en séries épaisses, occupant des niveaux bien déterminés au sein de la formation acide. Ces séries, qui se prolongent sur des étendues considérables (plusieurs myriamètres), peuvent avoir leurs caractères propres, malgré certaines variations individuelles de leurs nappes composantes. C'est ainsi que l'on distingue entre autres : 1° un ensemble de nappes grenatifères, passant en certains points à des grenatites ou à des éklogites, qui occupent un niveau élevé dans l'étage gneissique ; 2° à un niveau plus bas, mais toujours au-dessus des leptynites, une série de nappes à grain fin, à structure compacte zonée avec lits calcaires.

Les amphibolites, peu développées dans les micaschistes, sont par contre abondantes dans la formation gneissique à tous les niveaux, sauf au milieu des gneiss granitiques où elles ont été plus ou moins diffusées. Géographiquement, elles sont uniformément répandues, et si leurs affleurements sont moins fréquents dans certaines régions, cela tient simplement à l'allure horizontale des couches, ou des plis.

Diorites.—Aux amphibolites se rattachent intimement des diorites (diorites stratiformes de Cordier) souvent quartzifères, massives, à structure granitique et quelquefois gneissique, dont les affleurements, malgré des lacunes, peuvent se suivre du département de l'Aveyron (diorites de Sonnac de M. Boisse — granite à amphibole de M. Bergeron), à celui de la Creuse (diorites de Bourganeuf de M. Mallard). Cette traînée qui traverse du Sud au Nord la feuille de Brive, s'étend sans discontinuité sur la feuille de Tulle jusqu'au sud d'Uzerche, occupant les deux flancs d'un anticlinal granitique qui s'enfonce vers le Nord-Ouest. Les diorites reparaissent plus à l'Ouest, à Lubersac, étalées superficiellement en une vaste lentille horizontale, assise à son pourtour sur les gneiss et formant le petit pays fertile connu sous le nom de Vendonnois.

Les diorites, sur la feuille de Tulle, occupent un niveau supérieur à la zone principale des leptynites. Leur localisation le long d'un pli particulier à noyau granitique, alors que le long du pli voisin et au même niveau, elles n'apparaissent pas, tendrait à les faire considérer comme dues à une refonte, sous l'influence d'une cause bien puissante que nous ne pouvons encore préciser, de l'ensemble des séries amphiboliques — et des gneiss intercalés — qui surmontent les leptynites.

Traversées fréquemment par les filons de pegmatites, pénétrées par la granulite qui s'y transforme en un granite à amphibole du type d'Enval (Puy-de-Dôme), les diorites, si elles ne dérivent pas d'une influence granitique, ont été en tout cas influencées par le granite que l'on retrouve de place en place au milieu des roches basiques sous forme de granite à amphibole du type d'Aydat.

C'est l'occasion de signaler, sans vouloir en tirer l'explication de l'origine des grandes masses dioritiques subordonnées aux gneiss, qu'en certains points, la pénétration des filons granulitiques et des dykes granitiques dans les amphibolites donne naissance à des roches analogues sinon identiques aux diorites stratiformes.

Roches dites éruptives. — Le *granite* (*granitite*) de la feuille de Tulle se classe en trois sortes de roches différentes par leur composition, leur allure et probablement leur âge :

1° Le granite porphyroïde, à l'Est de la feuille, encaissé dans les micaschistes. Remanié par la granulite, il constitue les hauteurs des Monédières, sous forme d'un granite porphyroïde à deux micas, répondant exactement à la description donnée par M. Bergeron des granites de la Montagne Noire ;

2° Le granite de Limoges (*stock-granit* de Gümbel) à grain moyen, qui affleure en dykes ou culots en différents points des environs de St-Yrieix, Uzerche et la Graulière, et en masses hétérogènes dans la région de Favars où il est intimement allié aux gneiss devenus granitiques, du type des gneiss granitoïdes du Mont Pilat décrits par M. Termier ;

3° Le granite basique d'Estivaux et du Saillant (*Lager-granit* de Gümbel) qui apparaît en bancs épais, réguliers, bien interstratifiés, uniformément répandus sur 20 kilomètres de longueur, de Pompadour à Douzenac, au sommet des schistes séricitenx. A ce granite nous rattachons provisoirement le granite de la même région plus acide et remanié par la granulite, d'allure moins régulière, qui forme un amas épais, mais peu étendu, au sommet des gneiss et micaschites.

La *granulite* (granite à mica blanc et tourmaline) constitue un vaste massif continu, du Nord au Sud de la feuille, en bordure de la masse principale de granite porphyroïde dont elle est cependant séparée par un affleurement très mince de micaschiste. Assez massive vers son bord occidental, aplitique même (avec tourmalinites) sur quelques 100 m. au contact d'une étroite bande de micaschistes (eux-mêmes modifiés parfois sur toute leur épaisseur) elle est généralement schisteuse au centre, et elle passe dans la bande orientale à des micaschistes gneissiques séparés par des bandes de granulite schisteuse[1]. Ces bandes, de même que les traînées micaschisteuses de toutes dimensions et jusqu'aux « enclaves » très nombreuses de micaschistes, conservent l'allure générale des schistes cristallins de la région. Cette allure est encore accusée par la schistosité de la granulite, et l'orientation des grands cristaux développés entre les lamelles micacées, sans doute recristallisées, de la roche schisteuse primitive.

Cette granulite corrézienne, d'un type bien différent de celui de la chaîne de Blond apparaît comme un dernier degré de métamorphisme, avec ou sans apport, des micaschistes.

[1] A comparer aux « auréoles » des granulites du Morbihan (Barrois, 1887). Ici l'auréole aplitique correspond à un « contact parallèle » de même que l'auréole schisteuse, laquelle envahit le massif sur une grande largeur, surtout au Nord.

La granulite forme un autre massif de profondeur, d'une extension limitée, aux environs de Sadrot; elle ne s'y trouve qu'en petites masses hétérogènes, enchevêtrées avec les gneiss, micaschistes, granites et diorites (eux-mêmes granulitisés) de la même manière, mais sur une plus petite échelle, que le granite dans les gneiss granitiques de Favars.

Granulite et *pegmatites* (très rarement le granite) pénètrent partout de leurs innombrables filons aplitiques, grenus ou pegmatoïdes, toutes les autres roches : granites, gneiss, leptynites, amphibolites, diorites et la granulite elle-même. Plus rarement ces filons arrivent aux Phyllades, où ils sont toujours très minces.

Peut-être faudrait-il cependant rattacher à un vaste épanchement d'une granulite les roches porphyroïdes (*Porphyroïdes* de *Montchabrol*), interstratifiées au milieu des phyllades et de leurs sédiments basiques. Ces roches, du type des porphyroïdes du Sud de la Vendée, affleurent sur une largeur de 1.500 m. depuis Juillac jusqu'à St-Sulpice d'Excideuil (feuille de Périgueux). Une exploration trop rapide des affleurements ne nous permet pas encore de donner des conclusions, même provisoires, sur l'origine des roches en question.

Les *microgranulites*, *porphyrites* et *kersantites* sont en filons bien différenciés, cantonnés dans le massif des Monédières surtout au nord de Corrèze, c'est-à-dire dans le massif primitivement granitique ou aux abords.

Négligeant, parmi les roches évidemment métamorphiques, celles qui ne forment que des pointements exceptionnels çà et là, il nous reste à citer le *métamorphisme spécial* qui, le long et à l'ouest du grand massif micaschisteux et granulitique et sur une largeur de plusieurs kilomètres, s'est exercé du nord au sud de la feuille, principalement sur les micaschistes, gneiss et leptynites extérieurs au massif, mais parfois aussi sur les micaschistes du massif lui-même, transformant uniformément toutes ces assises en roches compactes ou schisteuses, très quartzeuses, avec kaolinisation des feldspaths et faisant disparaître ou plutôt diffusant la plupart des nappes basiques. Ce sont ces roches influencées, surtout formées aux dépens des leptynites, que nous avons décrites sous le nom de *leptynites d'Argentat* dans notre premier travail sur la stratigraphie du Plateau Central (p. 15 et 16).

D'une manière générale on peut dire que ce métamorphisme spécial n'apparaît que dans la zone d'écrasement décrite plus loin, souvent concurremment avec le métamorphisme granulitique ordinaire qui s'y superpose ou auquel il se superpose.

Tectonique. — D'après le schéma ci-dessous qui résume ce que nous connaissons actuellement de l'allure des couches, la feuille de Tulle s'étend sur deux régions cristallines bien distinctes, tant au point de vue tectonique qu'au point de vue topographique qui s'y trouve lié, régions probablement séparées par une faille N.-S. L'une est le *Haut-Plateau Corrézien* (altitude 800 m.), constitué par le granite porphyroïde avec sa bordure granulitique et micaschisteuse qui à peu près seule apparaît sur la feuille. L'autre est la *région Limousine* proprement dite (altitude 400 m.) où dominent les gneiss.

La première de ces régions correspond à un système de plissements N.-S., couchés, vers l'Est, accusé topographiquement par la direction des hauteurs des Monédières. L'allure très contournée de ces plissements, au sud de Corrèze,

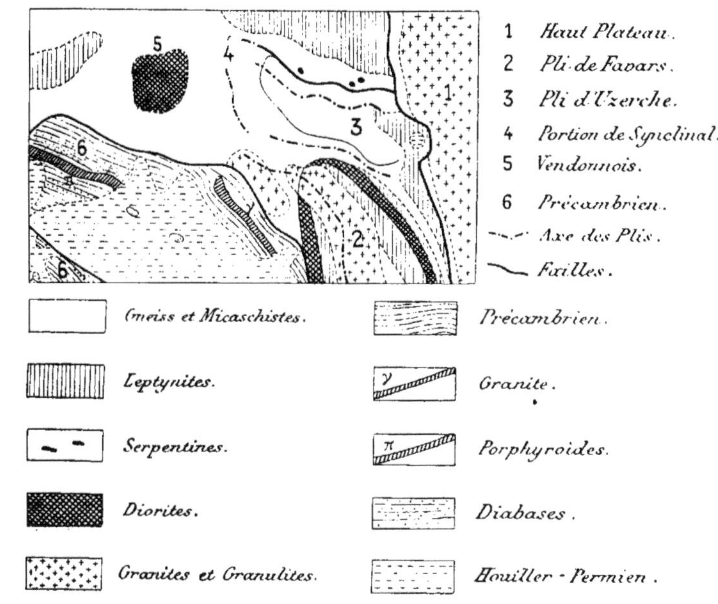

Echelle $\frac{1}{1.000.000}$.

plus régulière au nord, se trouve ainsi indirectement liée aux plissements de la seconde région. Quant à ceux-ci, ils sont à peu près parallèles aux plissements de la Vendée et de la Bretagne, mais ils s'en différencient par des accidents transversaux très marqués, qui interrompent le parallélisme général.

Dans cette région Limousine, il convient de distinguer — en dehors de la bordure phylladienne d'allure très régulière et dont les couches sont plus ou moins verticales — la région située à l'est d'Uzerche, de la région située à l'ouest.

La région de l'Est est occupée par des plis relativement peu aigus. L'un d'eux (*anticlinal* de *Favars*) à peu près symétrique, prolonge un pli déjà décrit, de la feuille de Brive sur celle de Tulle où il s'étale beaucoup, s'enfonçant au sud d'Uzerche sous les gneiss supérieurs. Son noyau est formé par les gneiss granitiques et le granite et ses flancs par les leptynites et les diorites. Un autre anticlinal (*Pli d'Uzerche*) lui succède au Nord ; couché sur son flanc Nord laminé, il vient s'écraser, en l'entamant, contre le Haut-Plateau Corrézien. A l'Ouest, il s'enfonce aussi sous les gneiss supérieurs. dans la région au nord d'Uzerchen, tandis que les leptynites seules apparaissent dans la partie orientale relevée de son noyau ; il est donc moins saillant que le précédent. Un massif de leptynites le limite au Nord, formant sans doute le flanc Sud d'un troisième anticlinal à cheval sur les feuilles de Tulle et de Limoges, et constitués par des micaschistes, gneiss et leptynites.

Tous ces plis butent ou se rangent à l'Est contre le Haut-Plateau, et à l'Ouest s'enfoncent ; ce sont autant d'arcs-boutants appuyés sur le relèvement granitique qui constitue le trait le plus important de l'intérieur du Plateau Central.

Quant à la moitié orientale de la région Limousine, nos études encore inachevées la montrent composée d'assises peu inclinées mais peut-être couchées et en tout cas dérangées par des accidents transversaux mieux marqués sur la feuille de Limoges et tout à fait nets sur celle de Périgueux, aux environs de Thiviers (où se retrouve le niveau des péridotites et des serpentines).

Nous avons, outre les plissements qui viennent d'être décrits, constaté l'existence d'un grand nombre de cassures importantes généralement à peu près parallèles à la direction des couches et se traduisant cependant, grâce à l'enfoncement inégal des plis, par des décrochements. Ce sont elles qui le long de la bordure phylladienne font disparaître presque partout les couches supérieures du système primitif et amènent les gneiss au contact des schistes sériciteux, parfois même des phyllades.

Terrains sédimentaires. — A signaler, près de Corrèze, un petit bassin houiller qui ne figure pas sur les cartes. Il est rempli par les blocs de granite porphyroïde à deux micas empruntés à l'une des sommites des Monédières, et il forme un jalon entre les chenaux d'Argentat et de Bourganeuf du raccordement prévu dans notre travail sur le Permien de Brive (page 23).

A signaler aussi sur le plateau Limousin les traces de quelques larges vallées probablement oligocènes encore occupées en différents points par les alluvions sableuses avec galets qui se relient au Sud, à la partie supérieure de la formation sidérolithique du Périgord.

MONTAGNE NOIRE

ROCHES CRISTALLINES

PAR

M. J. BERGERON

Professeur à l'Ecole Centrale,
Collaborateur principal.

Je me suis appliqué tout particulièrement, en 1893, à l'étude des roches cristallines qui forment l'axe de la Montagne-Noire. Sur la feuille de Castres (feuille n° 231), je n'ai eu affaire qu'à la partie Sud-Ouest de cet axe, qui se prolonge d'ailleurs très peu au Sud, sur la feuille de Carcassonne. La région cristalline est formée de gneiss granulitique dont j'ai déjà décrit toutes les variétés [1]. Les amphibolites sont très rares dans ces gneiss, à l'inverse de ce qui s'observe dans la série gneissique du Rouergue. Je n'en connais que deux affleurements : l'un que j'ai déjà cité sous le village de Sales [2], sur la route de St-Amans à Lespinassière ; l'autre qui m'a été signalé par M. Caraven Cachin près de Pont-de-l'Arn. La serpentine, si abondante dans les gneiss du Rouergue fait complètement défaut dans la Montagne-Noire.

Les couches de la série primitive sont redressées presque à la verticale, si bien qu'il est très difficile de reconnaître le plongement. Mais il est certain que dans la région de La Salvetat, il y a un grand synclinal jalonné actuellement par des lambeaux de schistes et de calcaires métamorphisés par des filons de granulite. Les schistes présentent le faciès des schistes granulitisés de St-Léon ; quant aux calcaires, ils sont très altérés et traversés par des filonnets de quartz très riches en épidote et autres produits d'altération. Peut-être est-ce encore à d'autres synclinaux qu'il faut rapporter des lambeaux de schistes micacés qui se rencontrent au milieu des masses de gneiss comme dans les environs de

[1] Etude géologique du massif ancien situé au Sud du Plateau Central, p. 14.
[2] *Op. cit.*, p. 26.

Lamontélarié, au Sud d'Anglès, etc. Leur composition est celle des schistes granulitisés ; d'ailleurs la plupart de ces lambeaux sont dans le voisinage immédiat de petits filons de granulite ; parfois même ces derniers les traversent. Tous ces plis, y compris celui de la Salvetat, ont sensiblement la même direction que la Montagne Noire, c'est-à-dire N. 75° E.

Dans la partie septentrionale du massif gneissique apparaissent au jour des pointements de granite qui, bien qu'isolés, appartiennent à une même venue ; ils ont tous une direction qui est celle de la Montagne Noire et s'alignent très sensiblement dans le prolongement les uns des autres. Ces pointements sont les les suivants :

Le plus septentrional est celui d'Anglès ; ses contours sont très difficiles à tracer parce que les affleurements se font au milieu de gneiss très feldspathiques ; de plus la région est couverte de prairies. On ne peut distinguer la région granitique de la région gneissique qu'à ce caractère que présente le granite de se décomposer en *boules* au milieu des champs.

Puis, ce sont les pointements des Martys et de Lampy, au Sud de Mazamet, qui ne sont séparés l'un de l'autre que par une masse de schistes précambriens, le plus souvent maclifères, avec quelques rares lambeaux de calcaire cambrien.

En plus de ces pointements granitiques, il y a dans le massif cristallin de très nombreux filons de granulite qui jouent dans le relief du sol un rôle très important ; ils servent d'ossature à des masses de gneiss qui forment autant de mamelons. Ceux-ci sont abondants surtout dans la région située au Nord de la Salvetat. Ces filons se trouvent dans le prolongement des masses granitiques et n'en sont que des apophyses. Cette granulite n'offre en général aucun caractère minéralogique intéressant [1] ; cependant près de la métairie de Coldempy, au Sud du hameau des Barthèzes, j'ai trouvé un filon de granulite très riche en clinochlore. Ce minéral y forme de grandes plages au milieu de mica altéré.

Très fréquemment, à ces granulites s'associent des filons de pegmatite qui sont plus récents puisqu'ils les traversent, bien qu'ils soient alignés sensiblement suivant la même direction. Cependant, dans la région de Pont-de-l'Arn, les pegmatites prédominent ; elles forment des filons indépendants de ceux de granulite et traversent les gneiss suivant une direction N.O.-S.E., direction qui a une très grande importance dans cette partie de la Montagne Noire, comme je l'indiquerai plus loin.

En dehors de l'axe cristallin, le granite forme encore deux pointements : l'un de peu d'importance apparaît à l'Ouest de Brassac sur l'ancienne route de Lacaune à Castres par la Fontasse, près de la métairie de Guzanes En ce pointement, très peu étendu, le granite présente la structure micro-granulitique de contact. Le mica, très décomposé, est appliqué contre les faces des cristaux de feldspath dans la partie centrale du pointement ce qui donne un aspect tout

[1] M. Michel Lévy a bien voulu vérifier mes déterminations pétrographiques ; je suis heureux de lui en exprimer toute ma gratitude.

spécial à la roche. Le second pointement est désigné sous le nom de Sidobre et est très connu dans tout le Languedoc pour ses paysages pittoresques dûs aux *boules* résultant de la décomposition du granite. Les assises précambriennes et cambriennes au contact de ces pointements sont métamorphisées.

Au Nord de Lamontélarié le gneiss est encore percé par un pointement de diorite qui envoie des filons jusqu'au Sud-Est de Brassac.

Les micaschistes francs, ou micaschistes anciens font défaut dans la Montagne Noire. Immédiatement sur les gneiss, et passant à ces derniers, se voient des schistes micacés, rappelant beaucoup les schistes granulitisés. Parfois les filons de granulite ont entraîné des paquets de ces schistes micacés. Au Sud d'Aussilhan sur le chemin qui conduit à la métairie de la Fuxarié se voit un semblable lambeau de schistes micacés complètement altérés et transformés en chlorite [1]. La roche en est devenue verte et rappelle la serpentine. Le mica a été presque complètement transformé en pennine; ses plages sont riches en fines aiguilles de rutile secondaire ; le zircon, provenant des inclusions du mica, est très abondant au milieu des sphérolites de pennine.

Sur les schistes micacés repose une épaisse série de schistes à séricite et de phyllades avec grès que surmonte la série cambrienne. Celle-ci se compose, ainsi que je l'ai signalé dans mon rapport de l'année dernière, d'une masse de calcaire avec banc de schistes, passant aux schistes avec faune cambrienne. Ces derniers sont recouverts par des schistes et des grès dans lesquels il n'a été encore rien trouvé, mais comme ils sont surmontés par les assises fossilifères de l'Arenig inférieur, il en résulte que, ainsi que je l'ai déjà dit [2], ils appartiennent soit à la partie supérieure du Paradoxidien ou étage Acadien, soit au Postdamien, soit encore tout à fait à la base de l'Arenig inférieur. M. Miquel m'y a fait voir des assises calcaires intercalées au milieu des schistes et des grès, et qui d'ailleurs, très peu épaisses et très irrégulières, m'avaient échappé.

Les couches les plus élevées du terrain silurien qui soient représentées sur la feuille de Castres appartiennent à l'Ordovicien inférieur (Arenig inférieur et peut-être grès Armoricain). Elles ne se rencontrent que sur le versant méridional de la Montagne Noire; aucune couche plus récente que le Cambrien n'apparaît, dans cette même feuille, sur le versant septentrional. Le Dévonien inférieur existe, seulement à l'état de lambeaux, sur le Silurien du versant méridional.

De nombreux pointements de diabase ophitique percent cette série sédimentaire (V. la carte pour les gisements).

Toutes ces assises ont subi sur les deux versants de la Montagne Noire des poussées venant du Nord pour le versant septentrional et venant du Sud pour le versant méridional ; il en est résulté sur les deux versants des plis isoclinaux plongeant les premiers vers le Nord, les seconds vers le Sud Mais parfois, surtout sur le versant Sud, il y a eu des efforts aboutissant, dans le sens de la

[1] Cette roche m'a été signalée par M. Caraven Cachin.
[2] *C.-R. Soc. Géol. Fr.* 1893, p. CVIII.

poussée, à des chevauchements comme c'est le cas au St-Bauzile, par exemple, ou déterminant des réactions en sens contraire et aboutissant à un renversement en sens contraire de celui de la poussée (Ferrals). C'est à l'Est, sur la feuille de Bédarieux, que ces accidents acquièrent le plus d'importance. Je les étudierai plus complètement lorsque je ferai les levers géologiques de cette dernière feuille.

Pour ne pas allonger cette notice, je renvoie à la carte pour l'allure des couches sur le versant septentrional, notamment pour cette grande bande (synclinale) de schistes précambriens et de calcaires cambriens qui, partant des environs de Labécède, s'avance jusqu'à l'Ouest d'Aiguefonde; pour un anticlinal gneissique qui, partant également de cette région de Labécède, se continue jusque dans les environs de Brassac où il se perd dans le massif gneissique; enfin pour la bande de Précambrien et de Cambrien qui, partant du bassin de St-Féréol, borde tout le versant septentrional jusqu'au niveau de Brassac, avec chevauchements des assises sans doute postdamiennes sur les calcaires cambriens.

Il est un fait que j'ai signalé l'année dernière dans mon rapport et sur lequel je voudrais revenir parce qu'il me paraît avoir une grande importance. Dans la région entre Boissezon et Pont-de-l'Arn, les filons de pegmatite, de diabase et de quartz sont orientés N.E.-S.O., et souvent les strates prennent localement cette direction. Au contraire, les couches environnantes ayant une direction N.E.-S.O., il y a eu au point de changement de direction, plissement, cassure, et par suite les couches ont présenté à l'érosion une résistance moindre. C'est ce qui explique le creusement de la grande dépression occupée maintenant par le causse tertiaire d'Augmontel.

D'autre part, à l'extrémité Sud-Ouest de la Montagne Noire, dans la région située au Nord-Est de Labécède, les assises présentent cette même inflexion vers le Nord-Est ce qui a pu faciliter le creusement du seuil de Castelnaudary avant qu'il fût recouvert par le Tertiaire.

TERRAINS SECONDAIRES

PAR

M. RENÉ NICKLÈS

Chargé d'un cours complémentaire de Géologie à la Faculté des sciences de Nancy,
Collaborateur adjoint.

Terrains secondaires des environs de Bédarieux et de Lunas [1]**.— Région de Bédarieux.** — Les terrains secondaires avoisinant Bédarieux présentent dans leur ensemble une disposition remarquable : une région affaissée d'étendue notable, et dont les couches presque horizontales ne présentent point de dislocations importantes.

Stratigraphie. — Voici sommairement la composition stratigraphique de la région de Bédarieux :

Le Trias comprend deux parties :

a. Un horizon inférieur, composé de marnes rouges et de poudingues, formant le fond de la vallée de Villemagne, entre Villemagne et Clairac, et les escarpements dominant à l'Est la vallée de La Malou.

Les marnes plus fréquentes à la base sont le plus souvent rouge lie de vin, bariolées de vert et alternant dans leur partie moyenne avec des grès et conglomérats : ces derniers dominent complètement à la partie supérieure.

b. Les marnes gypseuses qui forment l'horizon supérieur sont bien développées à 3 kilomètres de La Malou, au-dessus de Bardejean : elles sont généralement bleuâtres et renferment d'importantes masses de gypse exploitées en ce point et dans la vallée de la Sosquière. Vers la partie supérieure apparaissent quelques bancs gréseux.

Les principaux horizons jurassiques rencontrés sont :

1o *Rhétien.* — Poudingues avec *Avicula contorta* et écailles de poissons (Hérépian).

2° *Hettangien et lias inférieur.* — Couches marno-calcaires, renfermant des empreintes végétales, *Pagiophyllum peregrinum* Sap.

3° *Charmouthien.* — Calcaires bleus durs avec lumachelles à la base recouverts par des bancs gréseux à *Spiriferina cf. Walcotti,* et surmontés par des calcaires, durs avec *Lytoceras fimbriatum* et *Gryphæa cymbium* (Boussagues, le Bousquet Boubals).

[1] Le cadre restreint de ce travail ne me permet point de tenir compte des travaux antérieurs : je me propose de le faire plus tard en détail.

4° *Toarcien.* — Marnes à Posidonies renfermant à la partie supérieure des nodules avec fragments de Harpoceratidés : cet étage a une grande importance en raison de son imperméabilité : à sa partie supérieure viennent au jour les sources abondantes des environs.

5° *Bajocien.* — Je rattache à cet étage les dolomies grises, teintées souvent en rouge par l'oxyde de fer, et renfermant souvent vers leur base de véritables couches de calcaire à entroques et des Brachiopodes (ravins de Cabanes près Bédarieux).

6° Au Jurassique supérieur paraissent devoir appartenir les calcaires et masses dolomitiques ruiniformes, se désagrégeant par places en une poussière très fine (causse entre Carlencas et Bédarieux).

7° Les calcaires du bois de Levas paraissent postérieurs à ces horizons.

Les éruptions basaltiques ont eu une grande extension vers l'Est : il y a lieu de remarquer l'importance des tufs rouges du Courbezou.

Région de Lunas. — Les environs de Lunas sont peu disloqués ; les couches y sont faiblement ridées, les fossiles y sont rares et rendent la classification des terrains difficile :

Le Trias, en discordance sur le Permien (Caunas, Brenas), présente la même composition qu'à Lamalou.

Le Rhétien paraît représenté par des couches dolomitiques à couleurs vives ; à l'Hettangien et au Sinémurien je rattache des calcaires bleus et des dolomies avec bancs marneux renfermant des cristaux de calcite ; la partie supérieure renferme des végétaux (Bernagues) mal conservés.

Au-dessus apparaissent les lumachelles et couches à nodules siliceux du Charmouthien.

Les éruptions basaltiques ont eu une très grande importance (Bernagues, Mont-St-Amand) ; de nombreux filons orientés SSO — NNE et ESE — ONO, peuvent être relevés dans la région de Lunas comme dans celle de Bédarieux.

BASSIN DU SUD-OUEST

FEUILLE DE CARCASSONNE

PAR

M. BRESSON

Attaché au Laboratoire de la Faculté des Sciences de Marseille,
Collaborateur auxiliaire.

Exploration de la feuille de Carcassonne (1893) [1]

Les formations tertiaires que nous avons étudiées sont situées sur le versant méridional de la Montagne Noire, dans la plaine de Castelnaudary et les hauteurs qui s'étendent de Villeneuve-la-Comptal à Fanjeaux. On observe dans cette région à partir des terrains anciens et en se dirigeant au sud-ouest la succession suivante :

Danien ? — 1° Argiles rouges et sables.

Eocène inférieur. — 2° Calcaire lacustre de Montolieu à *Physa prisca.*

3° Argiles sableuses sans fossiles.

Eocène moyen. — 4° Calcaires nummulitiques à *Nummulites Ramondi, Flosculina melo, Alveolina subpyrenaica, Velates Schmideli, Ostrea stricticostata* passant latéralement vers l'ouest aux argiles à graviers de Labecède [2].

5° Calcaire lacustre de Ventenac et grès à *Lophiodon* d'Issel.

6° Mollasses de Castelnaudary.

Eocène supérieur. — 7° Gypse du Mas-Sainte-Puelles et calcaire à *Paléothérium* de la Bordette.

8° Mollasses et poudingues.

Oligocène. — 9° Calcaire de Villeneuve-la-Comptal et du Mas-Sainte-Puelles

[1] Les études dont nous allons mentionner les résultats ont eu pour point de départ des courses faites sous la direction de M. Vasseur.

[2] M. Vasseur. *Bulletin des sevices de la Carte géologique.* V. 37.

à *Bulimus lævolongus*. *Cyclostoma formosum*, *Paléothérium*, *Xiphodon*.

10° Mollasses et poudingues de Palassou.

L'exécution de la carte géologique dans cette partie de la feuille de Carcassonne nous a fourni quelques observations nouvelles.

1° Il existe près d'Aragon à la partie supérieure du Nummulitique un horizon fossilifère très intéressant par l'état de conservation et l'abondance des mollusques qu'il renferme. Les derniers bancs de la série nummulitique sont constitués en ce point par des grès en dalles alternant avec des couches argileuses. A la surface de la roche adhèrent de nombreux cérithes associés à des natices et à l'*Ostrea stricticostata*. La faune de ce niveau comprend des formes nouvelles que nous ferons connaître dans une prochaine publication.

2° Nous avons découvert aux environs de St-Papoul dans le calcaire de Ventenac, jusqu'à présent si pauvre en fossiles, un remarquable gisement de végétaux. L'assise dont il s'agit dessine sur la bordure du nummulitique un liseré qui se poursuit à l'ouest jusqu'au voisinage du village de Carlipa. Elle disparaît ensuite dans la direction de Saint-Papoul sous les alluvions pliocènes des plateaux pour se montrer en un dernier point situé aux environs du Château de Ferrals. Le calcaire de Ventenac offre en cet endroit une dizaine de mètres d'épaisseur; il est gris bleuâtre et compact; grâce à la finesse de la roche les végétaux s'y présentent dans un parfait état de conservation. Autant qu'un examen rapide a pu nous permettre de le constater, quelques-uns de ces fossiles (*Dryophyllum*, etc.) offrent la plus grande analogie avec ceux de la flore Heersienne décrite par MM. de Saporta et Marion. Mais un semblable rapprochement, si peu concordant avec l'attribution du calcaire de Ventenac à l'éocène moyen, appelle sur ce sujet une étude paléontologique approfondie.

3° Il nous reste à signaler un affleurement de calcaire à *Paléothérium* que nous avons découvert avec M. Vasseur auprès de la ferme de la Bordette et que nous avons suivi vers l'est dans les coteaux qui s'étendent jusqu'à Fanjeaux. Cet horizon nettement inférieur à celui de Villeneuve-la-Comptal pourrait, d'après M. Vasseur, correspondre au gypse du Mas-Sainte-Puelles et au calcaire de Cuq et de Vielmur, qui constituent la base de l'éocène supérieur. Cette observation ne peut donc que nous confirmer dans l'opinion d'ailleurs généralement admise, que la mollasse de Castelnaudary appartient à l'étage Bartonien et est synchronique des sables de Beauchamp et du calcaire de St-Ouen dans le bassin de Paris.

FEUILLE DE ROCHECHOUART

PAR

M. GLANGEAUD

Agrégé de l'Université,
Collaborateur auxiliaire.

Le Jurassique de la feuille de Rochechouart.

Les étages de la série jurassique qui affleurent sur la feuille de Rochechouart présentent un intérêt marqué en ce qu'ils servent de transition à deux facies distincts : le *facies à Céphalopodes* bien développé dans le détroit du Poitou et le *facies à peu près exclusivement corallien ou sub-corallien*, que M. Mouret m'a dit avoir observé dans la Dordogne, le Lot et la Corrèze. J'espère que les données que j'ai recueillies et que je compte recueillir l'an prochain me permettront de relier paléontologiquement et stratigraphiquement cette région aux régions précitées.

Les diverses assises jurassiques forment des anticlinaux et des synclinaux qui doivent très probablement se raccorder avec ceux qui ont été décrits par M. Welsch dans le détroit poitevin.

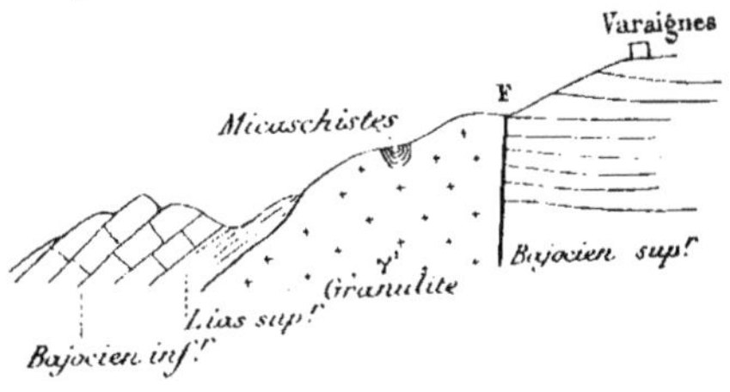

Outre les plissements on observe des failles dans la partie S.-E. de la feuille.

L'une d'elles, passant par Varaignes, fait apparaître la granulite qui bute à l'Est contre le Bajocien supérieur et permet au Lias supérieur et au Bajocien inférieur d'affleurer de nouveau à l'Ouest, par suite du relèvement des couches. Cette faille se poursuit sur près de 3 kilomètres.

Une deuxième faille, déjà figurée sur la carte géologique de la Dordogne, passe par Nontron, la Côte, St-Martin le Pin, moulin de Pys et met en contact le Bajocien, le Granite et les divers étages du Lias.

Il faut mentionner également l'existence vers Fontechevade d'une troisième faille mettant latéralement en relation le Bajocien et le Lias.

Toutes ces failles ont une direction sensiblement ONO-SSE.

Description des divers étages jurassiques. — Le Jurassique du nord de la feuille de Rochechouart présente assez de Céphalopodes pour permettre la distinction des étages et quelquefois des zones. Dans la partie sud, au contraire, où le faciès oolitique domine à partir du Bajocien supérieur,on ne trouve que quelques rares Bélemnites dans le Bathonien.

Infra-Lias. — J'ai pu séparer l'Infra-Lias du Sinémurien. Il est formé à la base par des grès très variés atteignant une grande puissance dans les environs de Genouillac, Cherves, Mazières, la Ribe, mais devenant beaucoup moins épais aux environs de Nontron. Je les rapporte au Rhétien car ils contiennent des tiges d'*Equisetum*, de nombreux Pectens et en particulier le *P. dispar*.

L'Hettangien a beaucoup de rapports avec l'Hettangien de la Vendée étudié par M. Baron. Il se montre en de rares points, sous forme de calcaire siliceux extrêmement dur, pétri de Lamellibranches et de Gastropodes (Labrousse) ou de calcaire oolithique jaunâtre à Avicules (Villejaleix).

Sinémurien. — Cet étage est fort réduit. On l'observe dans la vallée supérieure du Rivaillon et aux environs de Suaux où il est constitué par des calcaires dolomitiques contenant de rares fossiles indéterminables. Il affleure aussi à Ecuras, Soudat, St-Martin-le-Pin et aux environs de Nontron.

Le Charmouthien présente une assez grande extension. Il est formé au Nord-Est de Vitrac et au sud de Suaux par des grès calcarifères micacés contenant *tetraedra. Bel. paxillosus*, surmontés par des argiles gris-blanchâtres fossilifères, couronnées à leur tour par des calcaires argileux à *Amaltheus margaritatus*, *Pecten æquivalvis*, *Plicatules*, etc.

Cet étage existe aux Rivailles sous forme d'un calcaire siliceux poreux très fossilifère, à *Amaltheus margaritatus*.

Entre Montbron et Péry, il est constitué grès calcarifères très fins, et micacés. Ces grès, très épais, sont surmontés par des calcaires siliceux jadis exploités comme pierre à ciment.

Le *Charmouthien* se montre aussi à Soudat, Boëre, Ars, etc. où il devient très dolomitique.

Le *Toarcien* se différencie facilement du Charmouthien en ce que ses sédiments sont imprégnés de pyrite. A Vitrac, à Margnac, sur la ligne du chemin de fer de Chasseneuil à Fontafie, il est formé par une alternance de marnes et de calcaires gris-bleuâtres dans lesquels on distingue les zones à *Cœl. Hollandrei* et *Harp. opalinum*. Ces assises sont également très riches en Bélemnites ; on y recueille : *Bel. tripartitus*, *Bel. irregularis* et des Bélemnites à sillon associées à *Rhynch. cynocephala*.

A Montbron, le Toarcien est constitué à la base par des argiles pyriteuses très fissiles surmontées par des calcaires gris-brunâtres à fossiles phosphatés. On y trouve : *Cœl. Hollandrei*, *Harp. Levisoni*, etc.

A Boëre, on n'observe que le niveau *Coel. Hollandrei*, représenté par des argiles feuilletées micacées.

A Varaignes, le niveau à *Harp. opalinum* est visible grâce à l'existence d'une faille déjà signalée.

Enfin à Ribeyrolles le Toarcien est constitué par des argiles pyriteuses surmontées de calcaires également pyriteux renferment *Ostrea Beaumonti.*

L'Infra-Lias, le Sinémurien et le Charmouthien sont traversés par de nombreux filons de galène, de quartz, de calcite et de barytine. La galène a jadis été exploitée en divers points.

Bajocien. — Le Bajocien est l'étage qui présente les changements de faciès les plus considérables.

Aux environs de Chasseneuil, il est constitué, à la base, par des calcaires gris bleuâtres très riches en *Lioceras concavum.* Ils contiennent aussi, outre une faune de Gastropodes, de Lamellibranches et d'Echinides, d'autres Ammonites appartenant aux genres *Sonninia, Hammatoceras, Witchellia.* Ces calcaires représentent la zone à *Lioceras concavum* bien développée en Angleterre, où elle a été étudiée par M. Buchman, et en Normandie où M. Munier Chalmas l'a récemment décrite. Ils sont surmontés par des calcaires blancs cristallins, exploités comme pierre à chaux, dans lesquels on recueille *Cosm. garantianum* et *Ter. sphæroidalis*, recouverts par de nouveaux calcaires à *Toxoceras Orbignyi.* Des sédiments oolithiques couronnent cette formation.

Vers St-Sornin, Miaulant, le Bajocien devient siliceux, mais on y distingue encore les zones à *Lioc. concavum* et *Coel. subcoronatum.*

A Vouthon, à Montbron, la dolomie envahit une grande partie de l'étage et l'on n'y recueille plus que de rares fossiles : *Bel. giganteus, Trigonia, Pecten*, etc.

Ces calcaires dolomitiques très variés comme structure ont beaucoup d'analogies avec ceux qui ont été signalés par M. Roland dans la Vienne (calcaires dolomitiques sableux, aragonitiques, lamellaires, etc.).

A Varaignes, la partie inférieure du Bajocien est toujours dolomitique, mais la partie supérieure est constituée par des calcaires marneux à *Pholadomyes* alternant avec des calcaires oolithiques très riches en Brachiopodes: *Ter. Phillipsi, Ter. sphæroïdalis, Ter. carinata, Rhynch. quadriplicata, Stomechinus, Cidaris, Trigonies*, etc.

Entre Teyja et Javerlhac, au-dessus des calcaires dolomitiques à Trigonies, on a un niveau oolithique surmonté par des calcaires marneux à *Coel. subcoronatum, Purpuroidea, Stomechinus*, etc. Ce dernier niveau, qui représente une partie du Bajocien supérieur, sera un point de repère très utile dans cette région oolitique par excellence. Je l'ai suivi jusqu'à St-Martial-de-Valette.

Bathonien. — Le Bathonien est en grande partie oolitique, aussi les Céphalopodes y sont-ils rares tandis que les Brachiopodes dominent. Cependant, entre Lussac et St-Mary, il est formé par des calcaires compacts et marno-lithographiques à *Ter. globata, Ter. sphæroidalis, Zeill. carinata*, etc. Quelques débris d'ammonites se sont également montrés dans ces calcaires.

Entre Beaumont et Marillac le Bathonien est représenté : à la base par des calcaires compacts à *Ter. sphæroidalis, Zeilleria carinata, Rhynch. Lothâringica*, surmontés par des calcaires oolithiques à *Clypeus Ploti* que recouvrent des calcaires compacts exploités pour la fabrication de la chaux et contenant *Bel. canaliculatus*.

En continuant l'examen du Bathonien vers le Sud, on le retrouve bien développé à Vilhonneur où il présente, à la base, un niveau oolithique puissant dont les calcaires ont fourni la pierre du tombeau de Thiers. Viennent ensuite des calcaires lithographiques surmontés de couches oolithiques où les polypiers font leur première apparition. Cet horizon supérieur de l'étage est remarquablement fossilifère. Il contient une faune de Brachiopodes, de nouveaux et très intéressants Lamellibranches (*Corbis*, *Lima*, *Pecten*, etc.), des Gastropodes (*Purpuroidea*) avec *Anabacia orbulites*, *Anabacia complanata* et *Eligmus*. Ce dernier genre m'a été d'un grand secours car il est très caractéristique du Bathonien de la région. Je l'ai trouvé, en effet, depuis Nontron jusqu'à Valence.

Entre Montbron et Marthon, le Bathonien devient plus oolithique, les oolithes augmentent de volume, sont irrégulières en même temps que les Polypiers sont plus abondants.

Entre Souffrignac et La Chapelle St-Robert, entre Javerlhac et le Grand Gilloux, le Bathonien, vers sa partie inférieure, se modifie encore davantage par l'intercalation de calcaires marneux feuilletés à *Anisocardia*, *Pleuromya*. On constate en même temps vers la partie supérieure du Bathonien moyen et à la base du Bathonien supérieur, l'arrivée de Rynchonelles du type de la *Rynch. decorata* et *Rhynch. elegantula*.

Enfin de nombreuses *Nérinées Pseudo-Melanies* mêlées à des polypiers, indiquent la tendance au faciès corallien.

Callovien. — Le Callovien présente sa plus grande extension entre La Tache et St-Amand-de-Bonnieure.

Il est formé à la base par des calcaires marno-lithographiques, très riches en Céphalopodes, dans lesquels on trouve *Macroc. Herveyi* et à la partie supérieure *Reineckeia anceps*, *Lunuloceras hecticus*. Des bancs à Brachiopodes et à Pholadomyes sont intercalés au milieu de ces couches que surmontent des calcaires tendres, poreux à Ammonites du groupe du *Cosm. Jason*.

Le Callovien se poursuit avec des caractères presque identiques, à St-Mary, aux Pins, Monthezard, mais il diminue ensuite rapidement d'épaisseur vers le Sud. A Vilhonneur, il se présente sous l'aspect de calcaires poreux siliceux très riches en Echinides, pour la plupart nouveaux, et en *Ostrea amor* et *Ostrea gregarea*.

Plus au Sud, la délimitation de l'étage devient très difficile par suite de l'absence presque complète de fossiles. Néanmoins il m'a paru représenté par des calcaires oolithiques couronnés par les calcaires lithographiques de l'Oxfordien.

Oxfordien. — J'ai retrouvé le faciès à Spongiaires, niveau de l'*Ochetoceras canaliculatum* et continuation de celui du Poitou, à St-Amand de Bonnieure, mais il est très réduit. Cependant j'ai recuilli plusieurs espèces d'Ammonites argoviennes et un grand nombre de Brachiopodes.

Vers La Rochette, Agris, le faciès à Spongiaires est remplacé par un calcaire lithographique assez puissant à *Oppelia arolica*, *Perisphinctes* voisin du *P. martelli*, niveau que j'ai suivi sans interruption jusqu'à Hte-Faye.

Entre La Rochefoucauld et Chez Salot j'ai cru observer comme constitution de l'Oxfordien :

1° A la partie inférieure un calcaire lithographique à *Aspidoceras* et à *Pecten fibrosus*.

2° Un îlot corallien (petit récif) présentant à la base un faciès à Echinides bien développé.

3° A la partie supérieure un calcaire marno-lithographique à silex noirâtres contenant *Ochet. canaliculatum*, *Am. Erato*, etc.

Ces calcaires lithographiques se retrouvent à St-Paul, le Maine, Ferdinas et contiennent des Ammonites du groupe du *Perisph. plicatilis*.

Rauracien et Sequanien. — J'ai observé les deux étages en plusieurs points, mais je n'ai pas encore de données générales sur leur constitution.

Terrains tertiaires. — Je n'ose encore me prononcer sur l'âge et les rapports de ces terrains. Cependant, la plupart au moins des argiles à silex si répandues dans la région de Chasseneuil, St-Adjutory, résultent simplement de la dissolution de la partie calcaire des couches sous-jacentes. J'ai recueilli, en effet, en maints endroits, dans les silex noyés au milieu des argiles, les mêmes fossiles que dans les calcaires supportant ces derniers.

Les alluvions quaternaires, anciennes et récentes, ont laissé d'assez nombreux témoins dans la région, notamment le long de la vallée de la Tardoire.

FEUILLE D'ANGOULÊME ET DE JONZAC

PAR

M. A. DE GROSSOUVRE

Ingénieur en chef des Mines,
Attaché au service Central

Nous avons continué cette année l'exploration de ces feuilles et nous nous proposons de la poursuivre sans interruption jusqu'à complet achèvement. De ce côté les terrains n'ont subi que de faibles dérangements, mais les couches des divers étages crétacés ont été le plus souvent déposées dans des conditions analogues et présentent de très grandes ressemblances, de sorte qu'il faut les suivre avec la plus grande attention pour ne pas commettre d'erreurs sur les niveaux.

Nous n'avons d'ailleurs rien de particulier à signaler comme résultat de nos recherches : ces régions sont bien connues au point de vue général par les travaux de Coquand et de M. Arnaud et il ne reste qu'à appliquer sur le terrain les données déjà acquises.

M. Boissellier nous a écrit qu'il terminerait l'an prochain les contours des couches jurassiques de la feuille d'Angoulême.

Nous nous proposons néanmoins de revoir plus spécialement la partie orientale de leurs affleurements, afin d'étudier le prolongement vers le Sud-Est de la série jurassique, aujourd'hui à peu près bien définie à la hauteur de Niort et de la Rochelle, mais absolument inconnue ou plutôt, très inexactement connue, sur son prolongement le long de la bordure occidentale du plateau central, c'est-à-dire dans les feuilles de Confolens et de Rochechouart : c'est par là que se fait la jonction avec la série jurassique du Périgord étudiée par M. Mouret. Il s'agit donc de raccorder les couches du bord de l'Océan, dont la succession rappelle sensiblement celle de diverses parties du bassin de Paris, avec les assises complètement différentes que l'on rencontre au Sud et au Sud-Ouest du Limousin. Les seules données que l'on possède aujourd'hui sur cette région sont fournies par les travaux déjà anciens de Coquand. Or, de recherches faites il y a quatre ou cinq ans nous avons acquis la conviction que les conclusions de Coquand étaient erronées et qu'il avait commis des erreurs de la valeur d'un étage dans la détermination de ses diverses coupures. Il y a deux ans, nous avons commencé une première exploration pour suivre les variations de facies et nous sommes arrivé à quelques résultats nouveaux: il nous faudra poursuivre cette étude et la terminer avant la publication de la feuille d'Angoulême, car cette année, en parcourant la bordure de nos couches crétacées nous avons vu que dans l'angle Sud-Est de profondes modifications se sont déjà produites dans la constitution du Jurassique.

NOTE PRÉLIMINAIRE

SUR LES

TERRAINS TERTIAIRES DE L'ALBIGEOIS

PAR

M. G. VASSEUR
Professeur à la Faculté des Sciences de Marseille.
Avec la collaboration de MM. BLAYAC et RÉPELIN [1].

Considérés au point de vue de leur origine et des divers facies qu'ils présentent, les terrains tertiaires de l'Albigeois peuvent être répartis en deux zones, à l'exemple des formations éocènes et oligocènes des environs de Castres :

1° une zone littorale externe dessinant la bordure du massif ancien et principalement composée d'argiles à graviers et de sables plus ou moins grossiers ;

2° une zone littorale interne offrant des alternances de mollasses argilo-sableuses et de calcaires d'eau douce.

Ces sédiments constituent le prolongement vers le nord des dépôts lacustres du Castrais dont nous avons déjà indiqué l'âge et l'ordre de succession [2].

Les assises tertiaires que l'on rencontre à la fois dans les environs de Castres et d'Albi (feuilles 219 et 231 de la carte au 80.000^e), forment de bas en haut la série suivante :

Éocène moyen, partie supérieure.

1° Mollasses de Saïx et Lautrec.

Eocène supérieur.

2° Calcaire de Cuq et de Vielmur.

3° Mollasses de Blan.

Oligocène, (Sannoisien).

4° Calcaire du Mas Sainte-Puelles et de Saint-Paul Cap de Joux.

5° Mollasses de Puylaurens.

[1] M. Blayac a exploré la région comprise entre la vallée du Tarn au nord, le chemin de fer du Midi (Albi à Castres) à l'est et la limite méridionale de la feuille.

M. Répelin a tracé sur la bordure du bassin tertiaire, la limite des terrains anciens et des argiles à graviers.

[2] Bull. des Services de la Carte géologique, etc., n° 37, t. V.

6° Calcaire d'Albi à *Melania albigensis.*

Stampien.

7° Mollasses de Moulayres (mollasses de l'Agenais). Au nord de la vallée du Tarn (angle N.-O. de la feuille d'Albi), le calcaire à *Melania* est surmonté par des alternances de dépôts mollassiques et de calcaires d'eau douce où l'on observe de bas en haut :

6° Calcaire à *Melania albigensis.*

7° Mollasses de Sainte-Croix et de Bernac.

8° Calcaire de Cassagne et de Bernac.

9° Mollasses de La Bastide de Lévis.

Série des calcaires de Cordes.

10° Calcaire de la Crouzatié et de Taïx.

11° Mollasse de Durefort.

12° Calcaire de Noailles (Villeneuve, Castanet, Faissac).

13° Mollasses de Faissac.

14° Calcaire inférieur de Donnazac (plateau de Cardonnac).

15° Mollasses de Donnazac.

16° Calcaire supérieur de Donnazac (Les Foures, la Maureillie).

17° Mollasse.

18° et calcaire du Signal de La Salvetat.

Aux alentours de Cordes, les mollasses de Durefort et de Faissac sont remplacées par des sédiments calcaires, de sorte que des n°s 10 à 14 inclusivement, la série des couches n'est représentée que par une seule masse calcaire d'ailleurs assez puissante.

L'étude des diverses assises que nous venons d'énumérer nous a fourni les observations suivantes :

1° *La mollasse de Lautrec et de Saïx*, superposée à des argiles à graviers de la zone littorale, affleure sur une assez grande étendue dans les environs de Réalmont. La base de ce dépôt consiste en une argile rouge intimement liée à la formation détritique sous-jacente et surmontée d'une mollasse sableuse qui renferme des débris de vertébrés : *Lophiodon, Paleotherium, tortues, crocodiles* (environs de Réalmont et de Denat).

2° *Le calcaire de Cuq* généralement blanc et compact, parfois rosé et noduleux est un des horizons les plus fossilifères de la région *Limnea longiscata, Planorbis castrensis, Cyclostoma formosum* (variété de petite taille, rappelant le *C. mumia*), *Helix*, etc.

Il affleure à flanc de coteaux des deux côtés de la vallée du Dadou, ainsi que dans les buttes avoisinant Réalmont et les plateaux de Ronel et de Denat.

Au nord est il s'amincit et passe latéralement à une argile rouge entre Fréjairolles et Denat (le Bès) et dans la vallée du Seux à 4 kilomètres au sud d'Albi.

3° *La mollasse de Blan* renferme auprès de Saint-Genest-de-Contest un poudingue à éléments impressionnés. formés de roches jurassiques, crétacées et nummulitiques des Pyrénées. Nous avons montré que cet intéressant dépôt constitue l'extrémité d'une véritable apophyse du *poudingue de Palassou* qui s'est étendue jusqu'au voisinage du Plateau central [1].

La même formation s'observe jusqu'au pied du tertre de Ronel, mais en ce point les éléments du poudingue beaucoup plus réduits, ne dépassent guère un centimètre de diamètre.

4° *Le calcaire de Saint-Paul Cap de Joux* (calcaire du Mas-Sainte-Puelles), généralement noduleux, d'un blanc rosé, et dépourvu de fossiles. se montre dans les vallées du Dadou et de l'Agros et dans les coteaux de la rive droite de l'Assou. Il passe latéralement à la mollasse au nord-est d'une ligne menée par la butte de Ronel, Lamillarié et le Carla près Marsac (bords du Tarn).

Dans ce dernier endroit (pont de Marsac), l'horizon de Villeneuve-la-Comptal redevient fossilifère et nous a fourni en abondance la *Melania albigensis* et le *Melanopsis mansiana*.

5° *Le calcaire d'Albi à Melania albigensis* recouvert par les mollasses stampiennes (*mollasses de l'Agenais*) forme les plateaux qui s'étendent depuis la vallée du Tarn, au nord, jusqu'à la limite méridionale de la feuille d'Albi. Les sommets des buttes de Ronel, de Fréjairolles, de Flozac et du Peyret, offrent à l'est les derniers témoins de cette formation.

Sur la rive droite du Tarn, ce calcaire s'amincit vers le nord et passe à la mollasse dans les environs de la métairie du Roy et de Saint-Dalmaze (N.N.O. d'Albi).

Au sud de la vallée du Tarn, de nombreux gisements fossilifères se rencontrent à ce niveau ; ils renferment avec la *Melania albigensis*, *Limnea albigensis*, *Planorbis*, *Vivipara*, *Cyclostoma formosum*, *Helix*.

Enfin à la Pale, le même calcaire contient des restes de mammifères : *Acceratherium*, *Xiphodon ?*

6° *Le calcaire de Cassagne*, ordinairement marneux et blanc rosé, ne nous a offert jusqu'ici aucune trace de fossiles. Ce banc forme auprès de Marsac quelques plateaux situés sur la rive droite du Tarn. Il s'étend un peu plus au nord que le calcaire à mélanies et disparaît dans cette direction en passant à la mollasse, dans les environs de Blaye de Carmaux.

7° *Le calcaire inférieur de Cordes* ou *calcaire de la Crouzatié* constitue au nord-ouest d'Albi les plateaux de Cagnac et de Saint-Cernin.

Il s'abaisse régulièrement vers l'ouest jusqu'aux alluvions de la vallée du Tarn sous lesquelles il disparaît, au pied de la colline de Senouillac (Linardé).

La même assise affleure sur une grande étendue de chaque côté de la vallée de la Vère, et à partir de Mailhoc, elle se divise en deux bancs séparés par une argile rouge.

Ces deux niveaux offrent une remarquable continuité aux environs de Mailhoc et Saint-Cernin. La couche inférieure passe à la mollasse dans la colline de Blaye de Carmaux, tandis qu'au nord de cette localité et de là jusque dans les environs de Cordes, le banc supérieur se soude au calcaire de Noailles par suite

[1] Bull. des Services de la Carte géol., n° 37, t. V.

de la disparition de la mollasse intermédiaire, remplacée elle-même par le sédiment calcaire.

L'horizon de la Crouzatié renferme dans les hauteurs de la Castanet, de Laroque et de Lincarque, la faune caractérisque des calcaires de Cordes : *Helix corduensis. Planorbis cornu, Limnea albigensis,* etc.

Le calcaire de Noailles est l'assise la plus puissante de la série de Cordes ; c'est une roche généralement dure et à cassure franche, mais souvent gélive, qui alterne d'ailleurs avec des bancs marneux. Elle contient les mêmes fossiles que l'assise précédente et constitue la table des vastes plateaux qui s'étendent entre Bournazel, Monestier, Blaye de Carmaux, Taïx, le Signal de Saint-Cernin, Castanet et Senouillac.

Entre la Maurinié, le Réveillo et Cestayrol, le calcaire de ce niveau est remplacé par une mollasse argilo-sableuse qui passe à Cestayrol et au Théron à des couches de lignites riches en mollusques et en débris de vertébrés (*Anthracotherium, tortues, crocodiles*).

Ce faciès se prolonge un peu plus à l'est en une bande étroite vers le Pouget et Laroque.

8° *Les calcaires de Donnazac* se poursuivent depuis la limite occidentale de la feuille d'Albi jusqu'aux alentours de Virac, formant le sommet de toutes les hauteurs comprises entre les vallées de la Vère et du Cérou, mais ils ne se continuent pas à l'est sur les plateaux situés entre Taïx et Monestier.

De Donnazac à Virac, cet horizon se divise en deux bancs séparés par quelques mètres seulement d'une mollasse argilo-sableuse

Aux environs de Virac, la couche inférieure très fossilifère nous a fourni *Helix corduensis, Planorbis solidus* et *P. cornu, Limnea albigensis.*

9° *L'argile verdâtre* qui supporte au Signal de la Salvetat les derniers vestiges d'une assise calcaréo-marneuse sans fossiles, a été presque partout emportée par les érosions ; on ne l'observe plus qu'à l'état de petits lambeaux à 500 mètres au N.E. de Virac, entre cette localité et le château de Livers (cote 327) et enfin au N.O de Fourès, sur la route qui conduit de Cordes à Albi.

Bordure du bassin. — *Les argiles à graviers* qui constituent aux environs de Mazamet, l'équivalent du nummulitique de la Montagne Noire, ne paraissent pas se prolonger sur la feuille d'Albi.

Lorqu'on suit la bordure du bassin tertiaire à partir de Mazamet, en se dirigeant vers le nord, on voit d'abord le calcaire lacustre de Castres et du Causse de Labruguière, passer latéralement à la formation détritique littorale.

Plus au nord, le même faciès se continue dans les mollasses de Lautrec, au voisinage des terrains anciens, et c'est à l'ensemble de ces deux assises éocènes qu'il faut sans doute rapporter les sables et les argiles à graviers qui s'étendent depuis les environs de Réalmont (feuille d'Albi), jusqu'à la vallée du Tarn (Arthès).

Sur la rive droite de cette rivière et en avançant toujours vers le nord, on voit les graviers littoraux envahir progressivement les dépôts tertiaires de plus en plus récents. Les argiles à graviers qui affleurent au-dessous du calcaire à mélanies dans les vallées situées entre Saint Cernin, Cagnac et Notre-Dame de la Drèche appartiennent en effet à l'éocène supérieur. Enfin dans les environs de Salles et de Monestiés, le même faciès se poursuit dans l'oligocène, atteignant en certains points la base du calcaire de Cordes (calcaire supérieur de Taïx).

Allure des couches. — Dans la partie méridionale de la feuille d'Albi (rive gauche du Dadou), les assises tertiaires que nous venons de décrire offrent un plongement assez accusé dans la direction de l'ouest, tandis que plus au nord, elles s'abaissent vers le sud-ouest.

Aux environs de Réalmont, ces formations se relèvent rapidement sur le promontoire que forment dans cette région, les terrains anciens ; c'est ainsi que le calcaire de Cuq, situé vers 200 mètres d'altitude aux environs de Gay et de Parafret, atteint 290 m. à Denat et 336 m. à Pendarié (N.-O. de Réalmont), pour redescendre ensuite à 261 m. à l'Ouest de Saint-Laurent et à 240 m. aux environs de Cuq (feuille de Castres).

A un kilomètre au nord-ouest de Ronel, le calcaire de Cuq est brisé par une faille orientée N. 13° E.; cette cassure évidemment ancienne a dû rejouer après le dépôt des couches sannoisiennes.

Un accident non moins remarquable, se montre dans les environs de Noailles où le calcaire de Cordes dessine un anticlinal dont l'axe est dirigé N. 25° E. Ce bombement, qui passe par Lacalm et la Favayrié, est probablement en relation avec le brusque relèvement des terrains primaires, que l'on observe sur la rive gauche du Cérou, entre Fauch et Campes, et au nord de cette rivière, dans les hauteurs de Saint-Marcel et Laparrouquial.

En résumé, nos observations relatives aux terrains tertiaires de la feuille d'Albi, établissent :

1° la transgressivité des dépôts oligocènes sur les formations éocènes, dans la partie septentrionale du bassin ;

2° l'extension des poudingues pyrénéens (*poudingues de Palassou*) jusque dans les environs de Réalmont, à 12 kilomètres au S.-E. d'Albi ;

3° la continuité du faciès littoral à travers les diverses assises tertiaires, sur la bordure du massif ancien ;

4° la disparition vers le nord, des deux horizons calcaires de Cuq et du Mas Sainte-Puelles, qui sont remplacés, dans cette direction par des sédiments mollassiques ;

5° l'extension des calcaires de Cordes au delà de la limite septentrionale du calcaire à mélanies ;

6° et enfin la constitution de la série oligocène (stampienne) de Cordes, représentée dans les environs de cette localité par une puissante masse de calcaire d'eau douce. Nous avons vu que les différents niveaux dont se compose cette assise, se séparent au sud-ouest en perdant peu à peu de leur épaisseur, pour s'intercaler dans les formations argilo-sableuses situées dans le prolongement des mollasses de l'Agenais.

Au point de vue paléontologique, nos études permettront de fixer définitivement l'âge d'un certain nombre de gisements de vertébrés dont nous aurons occasion de nous occuper spécialement dans une prochaine publication ; elles montrent en outre, que la *Melania albigensis*, longtemps considérée comme exclusivement caractéristique du calcaire d'Albi, a été contemporaine de la faune si remarquable du calcaire du Mas-Sainte-Puelles. La même variété de *Cyclostoma formosum* se rencontre d'ailleurs dans ces deux assises qui offrent ainsi des affinités paléontologiques incontestables.

Ces observations ne font donc que justifier l'attribution à l'oligocène inférieur, des couches à faune paléothérienne du Mas.

Nous étions arrivés du reste aux mêmes conclusions en montrant que les *marnes à anomies* et à *Corbula biangula*, Dollf. du bassin de la Gironde, qui constituent l'équivalent des argiles noires de Rauville la Place (Moulin Cafré), passent latéralement aux calcaires lacustres du tertre de Fronzac et des Ondes, près Fumel, dont la faune est identique à celle du Mas Sainte-Puelles et de Villeneuve la-Comptal.

Le tableau suivant résume ces observations.

st de la France

Bull. 38.

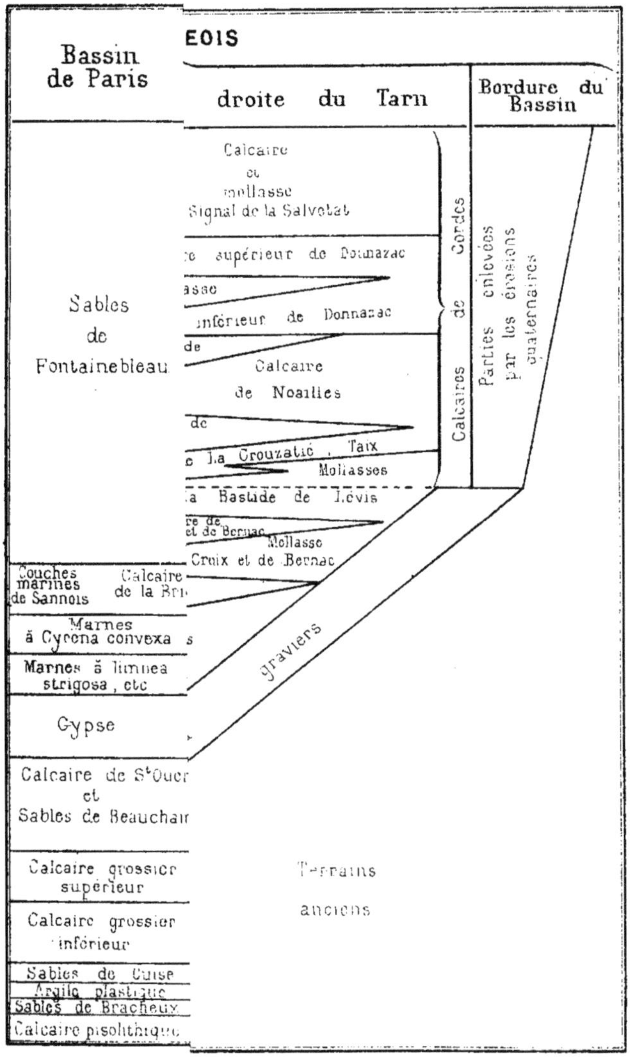

EOIS

Bassin de Paris	droite du Tarn		Bordure du Bassin
Sables de Fontainebleau	Calcaire et mollasse Signal de la Salvetat ...e supérieur de Donnazac ...asse ...inférieur de Donnazac ...de Calcaire de Noailles ...de ...e La Crouzatié, Taix Mollasses ...a Bastide de Lévis ...re de ...et de Bernac Mollasse ...Croix et de Bernac	Calcaires de Cordes	Parties enlevées par les érosions quaternaires
Couches marines de Sannois	Calcaire de la Bri...		
Marnes à Cyrena convexa	...s		
Marnes à limnea strigosa, etc			
Gypse	graviers		
Calcaire de St Ouen et Sables de Beauchamp			
Calcaire grossier supérieur	Terrains anciens		
Calcaire grossier inférieur			
Sables de Cuise			
Argile plastique			
Sables de Bracheux			
Calcaire pisolithique			

...IMP. L. COURTIER. PARIS.

DIAGRAMME

montrant le synchronisme des terrains tertiaires du bassin de Paris et du sud-ouest de la France

Par G. VASSEUR

Bull. 38.

Bassin de Paris	Bassin de la Gironde	Environs de Castelnaudary	Castrais	ALBIGEOIS — Rive gauche du Tarn	ALBIGEOIS — Rive droite du Tarn	ALBIGEOIS — Bordure du Bassin
Sables de Fontainebleau	Mollasses de l'Agenais; Calcaire à astéries	Mollasses et conglomérats	Calcaire de [illegible], etc.; Mollasses de [illegible]layres	Mollasses	Calcaire et mollasse du Signal de la Salvetat; Calcaire supérieur de Donnazac; Mollasse; Calcaire inférieur de Donnazac; Mollasse de Fayssac; Calcaire de Noailles; Mollasses de Durefort; Calcaire de la Crouzatié, Taix; Mollasses de la Bastide de Lévis; Calcaire de Cassagnes et de Bernac; Mollasse de Sainte-Croix et de Bernac; Calcaires de Cordes	Parties enlevées par les érosions quaternaires
Caches marines de Sannois; Calcaire de la Brie	Calcaire de Castillon; Argile à nodules	Calcaire supérieur de Villeneuve la Comptal?	Calcaire à Melania albigensis	Calcaire à Melania albigensis	Calcaire à Melania	
Marnes à Cyrena convexa	Mollasses du Fronsadais	Mollasses et poudingues	Mollasses de Puylaurens	Mollasses	Mollasses	
Marnes à Limnea strigosa, etc	Marnes à anomies; Calcaires du Fronsac et des Ondes	Calcaire du Mas Sainte Puelles et de Villeneuve la Comptal	Calcaire de St Paul-Cap de Joux	Calcaire de Lombers	Calcaire de [illegible]	
Gypse	Calcaire de St Estèphe; Mollasse	Mollasses; Gypse du Mas-Sainte Puelles	Mollasses de Blan; Calcaire de Cuq et de Vielmur	Mollasses; Calcaire de Dénat		
Calcaire de St Ouen et Sables de Beauchamp	Calcaire de Plassac; Argiles à Ostrea cucullaris; Mollasses lacustres	Mollasses de Castelnaudary	Calcaire [illegible]; Mollasses ossifères Lophiodon lautricense de Saix et de Lautrec	Mollasses ossifères des environs de Réalmont; Argile rouge		
Calcaire grossier supérieur	Calcaire supérieur de Blaye	Grès d'Issel; Calcaire de Ventenac	Calcaire de Castres et du Causse de Labruguière			
Calcaire grossier inférieur	Calcaire inférieur de Blaye et sables à nummulites	Nummulitique; Sables et argiles à [illegible]				
Sables de Cuise	Sables à [illegible]	Argile				
Argile plastique		[illegible]				
Sables de Bracheux						
Calcaire pisolithique		[illegible]				

Sables et argiles à graviers

Terrains anciens

Autogr. L. Courtier, Paris.

BASSIN DU RHONE

FEUILLE DE VALENCE

PAR

M. CH. DEPÉRET
Professeur à la Faculté des Sciences de Lyon
Collaborateur principal.

L'exploration des terrains tertiaires et quaternaires a présenté les principaux résultats suivants :

L'*Oligocène* forme vers l'Est, au pied de la chaîne crétacée de Raye, une bordure presque continue, qui est régulière et à couches peu inclinées dans la partie sud de la bande entre la Rochette et le hameau des Pialous; plus au Nord cette bande s'étire, devient incomplète et même discontinue à partir de la tour de Barcelonne. L'Oligocène de cette partie Nord de la bordure est comme écrasé entre l'Urgonien et la Mollasse marine et n'apparaît plus que par lambeaux.

La base de l'Oligocène est constituée, comme au pied du Leberon, par un conglomérat puissant, à éléments peu roulés et volumineux de calcaire urgonien, de silex crétacés, etc. Ce conglomérat, *base du groupe d'Aix de Fontannes*, repose en général sur l'Urgonien, dont il est parfois difficile à distinguer sans une très grande attention et forme une barre saillante qui a l'allure et les formes des rochers urgoniens. C'est un véritable conglomérat de falaise qui *dénote une discordance remarquable préoligocène* et implique un relief crétacé antérieur à sa formation.

De l'autre côté du Rhône, sur la bordure du Plateau Central, on trouve, un peu au nord de Charmes, appliqué sur le Jurassique, un lambeau de conglomérat oligocène très grossier, mais qui appartient très probablement à un horizon plus élevé que celui de la rive gauche, car on y trouve des *Helix* du groupe *Ramondi* (Aquitanien).

La présence de ces conglomérats littoraux oligocènes sur la bordure Est et

Ouest de la vallée du Rhône est des plus intéressantes parce qu'elle nous démontre l'existence, dès l'Oligocène, d'une grande dépression synclinale, tout à fait semblable par sa largeur à la vallée actuelle du Rhône. M. Delafond et moi-même avons observé des faits entièrement comparables dans la vallée de la Saône.

La composition de l'Oligocène de la rive gauche est tout à fait semblable à celui du bassin de Crest et comprend de bas en haut : 1. Conglomérat de base. — 2. Marnes à *Cyrena semistriata*. — 3. Grès schistoïde à empreintes végétales. — 4. Marnes et calcaires blancs à Limnées. — 5. Marnes versicolores. — 6. Calcaires à *Helix Ramondi* et marnes ligniteuses à *Melanopsis Hericarti*.

Le *Miocène* est très incomplet sur la feuille de Valence. Le 1er étage méditerranéen (Burdigalien) n'apparaît que sous forme de lambeaux interrompus au-dessus de l'Aquitanien de la rive gauche et consiste en une mollasse dure peu épaisse à *Pecten rotundatus*, *Pecten Tournali*, *Ostrea granensis*.

Au-dessus viennent des grès grossiers à *Ostrea crassissima* et *gingensis* qui s'appuient presque tout le long de la bordure sur le calcaire Aquitanien. Ils sont surmontés par des grès plus fins, calcaires, à Bryozoaires et *Pecten Gentoni*, peu épais, et sur lesquels repose la puissante masse de la mollasse sableuse à *Terebratulina calathiscus*, très peu fossilifère dans la région. Il est du reste certain, par la comparaison avec le Dauphiné septentrional, que ces sables à Térébratulines représentent le 2e étage méditerranéen, sans qu'il soit possible de distinguer l'Helvétien du Tortonien dans ce faciès exclusivement sableux.

Le miocène supérieur (Pontique) est réduit à quelques lambeaux conservés dans le centre du synclinal miocène et dont le plus important est celui de Montvendre ; il comprend à la base des marnes ligniteuses à *Hipparion gracile*, *Sus major*, *Castor Jægeri* (Chabeuil), surmontées par les sables à *Unio flabellatus* de Montvendre.

Le *pliocène marin* comprend un grand nombre de lambeaux disséminés et difficiles à découvrir au milieu de la mollasse sableuse ou sous les alluvions. Un fait important à signaler est le passage, établi par une série de lambeaux, d'un fiord pliocène derrière le massif de Crussol. Ce fiord qui allait de St-Péray à Charmes isolait ce dernier massif sous forme d'une île allongée et étroite. A l'époque du pliocène supérieur, un bras du Rhône a emprunté le même passage, comme cela est bien établi par la traînée de galets alpins que l'on peut y suivre presque sans interruption.

Les phénomènes de terrasses fluviatiles et de creusement de la vallée du Rhône sont des plus intéressants sur la feuille de Valence.

Les plus hauts niveaux de galets alpins du pliocène supérieur s'observent à la hauteur de 380 mètres sur le sommet du massif de micaschistes de Tain, à plus de 260 mètres au-dessus du Rhône actuel. Leur âge pliocène supérieur est attesté par leur superposition à *un lambeau de marnes d'Hauterive à faciès de calcaire lacustre* (Larnage).

On peut suivre ensuite toute une série de terrasses pliocènes à niveaux décroissants jusqu'à l'altitude de 190 mètres terrasse au-dessus de St-Marcel-les-

Valence, de St-Ruff, etc.) ; par l'état d'altération des roches qui la constituent, cette terrasse est encore certainement pliocène. On voit que l'*importance du creusement pliocène supérieur dans la vallée du Rhône n'est pas inférieure à 190 mètres.*

Enfin il existe à des niveaux encore inférieurs deux magnifiques terrasses quaternaires : *celle du séminaire de Valence* à la cote de 140-150 (40-50 mètres au-dessus du Rhône) et celle qui porte la ville de Valence à 125 m. (20-25 m. au-dessus du thalweg actuel).

Je ne puis terminer sans avoir le plaisir de dire qu'une bonne partie des observations résumées ci-dessus a été faite en compagnie et avec la collaboration de M. G. Sayn, collaborateur auxiliaire au Service de la Carte géologique.

BASSIN TERTIAIRE D'ALAIS

PAR

M. G. FABRE
Inspecteur des Forêts,
Collaborateur adjoint.

Bassin tertiaire lacustre d'Alais

Le massif néocomien des montagnes du *Serre de Bouquet* et le vaste bassin lacustre d'Alais sont des régions jusqu'ici fort peu étudiées.

Les travaux déjà anciens d'E. Dumas (1845) n'avaient donné aucune indication utilisable pour la distinction des assises si complexes du terrain tertiaire lacustre ; rien n'avait été fait depuis lors [1] et la question de délimitation des étages restait entière quand nous l'avons abordée en 1880.

De 1880 à 1885 nous avons relevé une série de coupes isolées que nous avons montré sur le terrain à notre regretté ami Fontannes et qu'il a hâtivement publiées ; mais dans ses visites nécessairement assez rapides, il ne put les relier entre elles ni reconnaître la continuité des horizons, continuité masquée par des changements incessants de faciès et interrompue par des failles. Aussi sa classification de 1885 [2] n'aborde pas franchement la subdivision en sous-étages ; elle laisse dans l'indécision l'âge des couches inférieures du bassin et elle place encore l'horizon à Mélanoides Albigensis dans le Ligurien.

Poursuivant en 1888 l'étude du Mélanoides Albigensis et de ses variétés [3], nous avons reconnu la parfaite netteté de cet horizon paléontologique et son extension dans le haut bassin en superposition constante à un grès à végétaux (flore ton-

[1] Sauf une courte note de M. Parran (*Bull. Soc. géol. France*, t. XII, p. 131).
[2] Le groupe d'Aix, p. 175.
[3] Voyez *Bull. Soc. géol. France*, t. XVIII, 1890, p. 401.

grienne de Célas). Simultanément la découverte d'un calcaire grumeleux avec *Planorbis Leymeriei* à Navacelles fixait l'âge Bartonien d'une partie de la base du système lacustre.

Aujourd'hui il est possible de résumer la succession des sous-étages et de les classer au moins provisoirement dans le tableau suivant :

Nos	Epaisseurs en mètres	Sous-étages	Fossiles principaux	Composition minéralogique	Etages
10	30—10	Marnes de Boujac.	Cyclostoma antiquum. Helix eurabdota. Planorbis cornu.	Marnes.	Aquitanien
9	150—200	Poudingues d'Alais.	Sabal major. Cyclostoma antiquum. Anthracotherium.	Argiles pyriteuses. Calcaires blancs grumeleux. Marnes sableuses et grès à ciment calcaire.	Tongrien.
8	4—20	Calcaire de Martignargues.	Limnœa cf.-longiscata. Vivipara soricinensis. Striatella barjacensis. Melanoides albigensis. Melanopsis acrolepta. Cyrena semistriata.	Pierres à bâtir. Lignites de Célas.	Infra-tongrien.
7	10—30	Grès de Célas	Flore très riche. Doliostrobus sternbergii (rare).	Sables plus ou moins marneux. Grès siliceux. Nodules pyriteux.	
6	20—30	Calcaire de Monteils.	Cyrena johannisensis. Insectes. — Poissons. Doliostrobus sternbergii (commun).	Marnes fissiles blanches. Calcaires marneux.	
5	5—10	Marnes de Saint-Hippolyte	0	Lits de cargneules.	Sextien (Ligurien Mayer).
4	0,30	Calcaire de Vézénobres.	Cyrena Dumasi. Potamides aporoschema. Limnœa longiscata (type). Faune de mammifères de la Debruge.	Calcaires compactes siliceux. Marnes très blanches. Calcaires feuilletés.	
3	10—50	Marnes des Plans.	0	Marnes jaunes. Poudingues et grès marneux.	Bartonien.
2	1—3	Calcaire de Navacelles.	Planorbis Leymeriei ? Limnœa Michelini ?	Calcaires gris marneux.	
1	10—30	Sables d'Euzet.	0	Sables rutilants et poudingues.	Parisien ?

Le bord S.-E. du bassin tertiaire est adossé à un grand massif montagneux d'âge néocomien appelé Serre de Bouquet, garrigues d'Euzet (etc.) Ce massif est affecté par des ridements à large courbure qui y dessinent une série d'anticlinaux et de synclinaux dirigés de l'O. à l'E., savoir :

1° Synclinal de Barjac à St-Privat-de-Champclos et Issirac ;
2° Anticlinal de St-Jean-de-Maruejols à Méjeannes-le-Clap ;
3° Synclinal d'Allègre ;
4° Anticlinal du ruisseau d'Argensol à Lussan ;
5° Synclinal de Brouzet et de la Plaine des Plans ;
6° Anticlinal de Mons à Vacquières ;
7° Synclinal de la vallée de la Droude ;

Les dépôts tertiaires buttent par une faille N.-N.-E. contre les anticlinaux Nos 2, 4 et 6, ils pénètrent sous forme de golfes dans les synclinaux 1, 5 et 7 au fond desquels il subsiste encore des lambeaux de terrain crétacé supérieur. Ces grands ridements crétacés ne sont d'ailleurs que l'extension occidentale sur la feuille d'Alais d'un régime de plis E.-O. qui affecte le terrain crétacé du bas Languedoc dans l'Ardèche et le Gard.

ÉTUDE SUR LES TERRAINS JURASSIQUES

LES ENVIRONS DE VALENCE ET DE LA VOULTE

PAR

M. MUNIER-CHALMAS
Professeur à la Faculté des Sciences de Paris
Collaborateur principal.

La montagne de Crussol forme un anticlinal jurassique dont le versant ouest vient buter par faille contre les massifs granitiques des environs.

Cette région qui a été si souvent explorée et étudiée en détail, depuis Oppel et Dumortier, est encore très imparfaitement connue au point de vue tectonique.

Les importantes collections paléontologiques recueillies depuis de longues années par M. Huguenin, qui les a mises si complaisamment à la disposition de tous ceux qui ont étudié la région, ont été le point de départ de nombreux travaux stratigraphiques. J'ai eu moi-même recours à l'obligeance de M. Huguenin, pour faire avec lui des courses communes dans les gisements fossilifères qu'il a explorés avec tant de soin.

Accidents stratigraphiques

La partie sud de la montagne de Crussol montre très nettement l'existence de plusieurs grandes failles parallèles.ayant une direction générale Nord-Sud. Elles ont déterminé la formation d'un abrupt composé de bancs d'arkoses que l'on considère comme triasiques.

Parallèlement à cette ligne de front, d'autres failles situées plus en avant et épousant la même direction, mais en grande partie recouvertes par les dépôts tertiaires, ont amené en ce point, par suite d'effondrement et d'érosion, la formation de la vallée du Rhône.

En montant le chemin du Val d'Enfer, on voit à droite un escarpement vertical qui montre deux failles principales délimitant très nettement trois lambeaux de terrains secondaires. Celui du centre, qui est surélevé par rapport aux deux autres, est constitué par des arkoses triasiques. Le premier lambeau, le plus externe de toute la colline, est formé à sa base par les arkoses (etc.), qui supportent des roches schisteuses assez puissantes, dans lesquelles j'ai trouvé des empreintes cubiques de sel gemme. Ces assises, dont la partie supérieure a été enlevée par érosion, et que je rapporte provisoirement à l'Infralias, viennent s'appuyer par faille contre les assises triasiques du lambeau moyen. A quelques mètres de là, de l'autre coté du lambeau moyen, la deuxième faille met en contact le Bajocien et le Bathonien avec ces mêmes assises triasiques ; mais avec cette différence essentielle *que le Bajocien paraît reposer en concordance parfaite sur les couches triasiques qui sont au-dessous.* En étudiant avec soin les surfaces de contact de ces deux formations, on retrouve, entre le Bajocien et le Trias, de petits lambeaux étirés et froissés des roches schisteuses infraliasiques qui sont si bien représentées de l'autre côté du lambeau moyen. Il s'est produit là et sur d'autres points, que je ne puis étudier ici, des actions de recouvrement très énergiques qui ont amené, par suite de refoulement, la suppression de l'Infralias et du Lias.

Les autres failles parallèles que l'on rencontre à l'ouest des précédentes intéressent surtout le Bathonien et le Jurassique supérieur.

Aux environs de La Voulte, on se trouve en présence d'un second système de grandes failles qui viennent rencontrer ou couper plus ou moins obliquement les premières failles dont j'ai parlé. Ces dernières, qui sont parallèles à la direction générale de la vallée du Rhône, se continuent encore au-delà de La Voulte, dans la direction du Pouzin, et jalonnent les lambeaux de terrain jurassique supérieur qui bordent la rive droite de la vallée du Rhône.

Les failles du second système partent de La Voulte pour gagner la direction de Privas. La plus importante d'entre elles met en contact une bande relativement étroite d'Arkose [1] triasique, avec des schistes cristallins micacés et séariciteux qui sont restés sensiblement horizontaux.

[1] Ces arkoses qui ne renferment pas de fossiles, ont été considérées comme triasiques par les géologues qui se sont occupés de cette région.

Une seconde faille parallèle à la première fait buter,à l'ouest de La Voulte, les couches calloviennes à *Macrocephalites macrocephalus* contre la bande d'Arkose triasique ; cependant il existe, pincés entre ces deux formations, des fragments ou de petits lambeaux de calcaire à *Rhynchonella Voltensis* Oppel, appartenant au Bathonien inférieur.

En remontant du côté de Celles-les-Bains, on voit successivement apparaître entre le Callovien et les Arkoses, par suite de la direction oblique qu'affectent les lignes d'affleurement des couches jurassiques par rapport aux lignes de failles, le Bathonien supérieur à *Perisphinctes* du groupe du *P. Martiusii* et *Lytoceras tripartitum* ; mais le Bajocien moyen et inférieur, le Lias et l'Infralias n'apparaissent pas.

Les schistes séricileux et micacés dont j'ai parlé, et sur lesquels j'insiste d'une manière toute particulière, paraissent jouer un rôle très important dans la constitution géologique d'une partie des Cévennes. Ils se retrouvent du reste sur de nombreux points avec les mêmes caractères.

Ils sont souvent *horizontaux* et *non plissés* ; leurs feuillets parfois très réguliers et plans alternent avec de petits lits de quartzite. Ils ont servi sur certains points, comme on va le voir, de falaises aux mers triasiques et jurassiques.

Les couches triasiques des environs de Celles-les-Bains renferment *quelques fragments de ces schistes cristallins* ; on rencontre encore de *très nombreux morceaux anguleux* de ces mêmes schistes dans les calcaires compacts qui sont à la limite supérieure du Bajocien. Les calcaires schisteux et marneux du Bathonien, qui ont plus de 300 mètres de puissance, *en contiennent aussi*, mais plus rarement ; j'ai rencontré les *plus récents* dans les couches du Callovien supérieur à *Cardioceras Lamberti*.

Il résulte de ces faits que dans un même lieu et sur une hauteur verticale de plus de 400 mètres, on trouve des *fragments anguleux* de schistes sériciteux et micacés provenant des couches cristallophylliennes qui sont dans le voisinage immédiat. Il me paraît logique d'en conclure que, sur ce point, le bord du Plateau central présentait des falaises presque verticales qui servaient de rivage aux mers triasiques et jurassiques. Ces falaises, selon toute probabilité, ont été déterminées par des failles post-permiennes qui étaient situées, sinon sur le même emplacement que les failles post-secondaires, du moins sur un emplacement très voisin.

Dans les environs de Privas, les dépôts triasiques et jurassiques sont assez bien développés et à peu près continus. Cependant l'étude stratigraphique de différentes localités paraît indiquer qu'il y aurait eu, entre le Trias et le Bajocien, différents mouvements locaux suivis peut-être d'accidents orographiques également localisés. Cette étude m'a également conduit à admettre que les terrains triasiques et jurassiques formaient sur le bord du Plateau central, entre Privas et Valence, une ceinture assez régulière et que c'est par suite de failles, de refoulement ou de rejet en profondeur, que plusieurs termes soit du Trias, soit du terrain jurassique inférieur ou moyen peuvent manquer.

Les accidents tectoniques des environs de Valence se comportent *à priori* comme si des pressions partant des Alpes s'étaient propagées successivement jusque dans le Plateau central, en déterminant la formation de rides parallèles ; mais en réalité cette interprétation n'est qu'une image qui permet de désigner, sous un même nom, des plis parallèles appartenant à un même système.

Les anciens plis paléozoïques du Plateau central, d'après les connaissances actuelles, semblent être restés inactifs depuis la fin de l'époque primaire, ou bien se comportent comme si leur mouvement propre pouvait être considéré comme négligeable. Au contraire les plis alpins, qui croisent en général ces derniers, mais qui dans certains cas peuvent leur devenir parallèles, ont continué, jusqu'à la fin des terrains tertiaires, à se faire sentir soit sur le bord du Plateau central, soit dans son intérieur. Il s'est formé ainsi, et successivement, de nouveaux synclinaux qui croisent plus ou moins obliquement les plis paléozoïques dont la convexité est dirigée vers le sud ; c'est surtout pendant la période secondaire et tertiaire que les plis alpins se sont manifestés avec la plus grande intensité. M. Michel Lévy est le premier qui ait mis en évidence d'une manière très nette, soit dans son mémoire sur la constitution du Mont Blanc [1], soit dans sa note sur les régions volcaniques d'Auvergne [2], l'existence de grands plis alpins qui affectent le Plateau central.

Les accidents tectoniques des environs de La Voulte et de Privas, sur lesquels je reviendrai prochainement, semblent se raccorder, par les Corbières, aux plis secondaires du versant nord des Pyrénées orientales.

FEUILLE DU VIGAN

PAR

M. A. TORCAPEL

Collaborateur adjoint.

Voir le Bulletin N° 39 qui est sous presse.

---

[1] Michel Lévy. *Etude sur les roches cristallines et éruptives des environs du Mont Blanc. Bull. Serv. Cart. géol. de France*, 1890, n° 6.

[2] *Bull. Soc. géol. de France*, 1880, 3e série, t. XVIII, p. 692.

PYRÉNÉES

FEUILLES DE BAGNÈRES ET DE LUZ

PAR

M. J. CARALP
Professeur adjoint à la Faculté des Sciences de Toulouse,
Collaborateur adjoint.

Au cours de l'année 1893, M. Caralp a continué l'exploration de la feuille de Bagnères et de celle de Luz en s'attachant spécialement au *Dévonien* et surtout au *Permo-Carbonifère* dont l'importance avait été généralement méconnue.

Voici les principaux résultats de ses recherches :

1° Les schistes à Néréïtes de Bourg-d'Oucil qu'on avait attribués d'abord au Silurien moyen, puis au Dévonien, se trouvent à la base du Carbonifère ; au Carbonifère également appartiennent les schistes dits « à Oldhamia » de Jurvielle et de l'Antenac.

2° Les griottes et les autres calcaires amygdalins (vert de Campan, etc.) se montrent à deux niveaux distincts : tantôt (comme dans l'Hérault) dans le Dévonien supérieur, par exemple à Irazein, à Riverenert et sur divers points de la bande paléozoïque comprise entre Foix et St-Girons ; tantôt, (comme dans les Asturies d'après M. Barrois), dans la partie moyenne du Carbonifère, notamment à Cierp et à Campan (carrière de l'Espiadet) ; sur ce dernier point les relations sont des plus nettes : le marbre, en effet, est placé entre les schistes carbonifères d'Arreau, horizon de Larbont, et les grès houillers à Calamites, sur le prolongement même du calcaire à Productus d'Ardengost et d'Aspin qui a été attribué au Carbonifère moyen.

3° Bien qu'habituels dans ces deux niveaux, les marbres n'y sont pas constants ; ils constituent apparemment des sortes de dépôts lenticulaires au sein d'une formation calcaire grise ou noirâtre dénuée de vives colorations.

4° La coloration de ces marbres serait purement accidentelle ; vu la présence du manganèse et du fer dans ces roches, il est assez plausible de croire qu'elle est liée à la venue de sources bicarbonatées ferro-manganésiennes qui en même temps qu'elles déposaient dans les assises dévoniennes et carbonifères des amas métalliques, leur donnaient les principes qui les colorent. (Voir Le Manganèse des Pyrénées : *Mém. de l'Ac. des Sc. de Toulouse*, 1893).

5° En suivant de proche en proche les assises, on s'aperçoit qu'elles changent fréquemment de composition et de texture surtout au voisinage des filons de quartz : les schistes noirs deviennent des lydiennes, les grès des quartzites, les calcaires prennent une texture cristalline. Ces transformations latérales qui tendent à accentuer le caractère paléozoïques de ces roches, sont des plus communes dans la région limitrophe de la Haute-Garonne et des Hautes-Pyrénées ; elles compliquent singulièrement la géologie de ces massifs montagneux et nous expliquent qu'on ait pris pour du Cambrien les dalles calcaires du lac de Bordères et les grès quartzeux du Mouné qui relèvent du carbonifère.

6° Le terrain houiller que M. Caralp avait signalé dans la vallée d'Aure (C. R. 28 mars 1892) a été retrouvé par lui en divers autres points du versant français, dans la vallée de Campan, au Mouné de Luchon, dans la Barousse, la haute Bellongue et la zone ancienne située entre Foix et St-Girons où cet horizon a été souvent confondu avec celui des schistes de Larbont, c'est-à-dire avec le carbonifère inférieur.

7° Dans la partie supérieure du houiller, il avait découvert une intéressante intercalation de fossiles marins avec lits de végétaux paraissant se rapporter au Permien inférieur (B. S. G., 20 mars 1893). Depuis il a recueilli dans diverses parties de la chaîne de nouveaux fossiles qui permettront des déterminations plus précises.

8° Le Permo-Carbonifère acquiert une importance exceptionnelle dans certaines vallées, notamment dans la vallée d'Aure où, à la faveur de plissements multipliés, il affleure sur une largeur de 7 à 8 kilomètres, occupant presque à lui seul l'espace compris entre le Mouné d'Aspin et l'Arbizon.

M. Caralp a étudié en même temps l'*allure des couches* et a reconnu divers plis longitudinaux et transverses :

1° Il signale en particulier le synclinal permo-carbonifère de l'Antenac et du Mouné de Luchon qui explique la présence du grès rouge permien et du poudingue triasique dans la Bareille au voisinage du granite de Bordères.

2° Il a continué l'étude du synclinal de St-Béat dont il avait annoncé l'existence (C. R. 28 mars 1892) ; à Sarrancolin, sur la rive gauche de la Neste, ce pli qui a pour substratum au Sud les conglomérats permiens, au Nord les schistes siluriens, renferme, s'emboîtant successivement : 1° le trias, avec ophite ; 2° le calcaire marmoréen, horizon du calcaire de St-Béat ; 3° le lias moyen fossilifère ; 4° les dolomies de l'oolite ; 5° le calcaire néocomien, celui-ci occupant le centre du pli et la partie culminante de la montagne.

3° Il a constaté dans le massif du Gar et de Cagire divers anticlinaux obliques les uns par rapport aux autres.

Au cours de ses recherches, M. Caralp est arrivé à d'autres résultats qu'il se borne à énoncer :

1° Le granite de Bordères est postérieur au calcaire carbonifère et antérieur au Permien ; celui de Bordes qu'il avait dès longtemps indiqué comme post-dévonien est probablement de la même époque ; aussi celui qui forme la masse du Néouvielle.

2° Le calcaire dit « Dalle cambrienne » appartient dans les Pyrénées centrales à divers niveaux : au silurien moyen, au dévonien inférieur, au carbonifère (Lac de Bordères), parfois même au jurassique.

3° Les ophites des Pyrénées centrales dont il a vu nombre de gisements, lui paraissent, quelles que soient leurs associations, avoir fait éruption pendant le Trias ou tout au plus au début de l'époque liasique. Ses observations de 1893, n'ont fait que le confirmer dans cette manière de voir, à laquelle il est resté toujours fidèle ainsi qu'en font foi ses divers mémoires et ses rapports annuels à la Direction de la carte géologique.

FEUILLES DE FOIX ET DE BAGNÈRES-DE-LUCHON

PAR

M. L. CAREZ
Docteur ès-sciences.
Collaborateur principal.

Les courses que j'ai faites en 1893 ont porté sur les feuilles de Foix, de Bagnères-de-Luchon et de Saint Gaudens.

Feuille de Foix. — Les explorations du Secondaire de la feuille de Foix étant maintenant très avancées, mes courses de cette année avaient pour but de combler un certain nombre de lacunes qui existaient encore dans les contours de la bande septentrionale, et d'étudier à nouveau certains points difficiles.

J'ai d'abord examiné le contact du Gault et du Jurassique au Sud de Fougax et de Monségur. On sait qu'en remontant la vallée de l'Hers à partir de Bélesta, on rencontre, à peu de distance de cette ville, le Gault qui se poursuit ensuite sur une étendue considérable, en couches presque verticales ; c'est seulement vers la Font de Lasqueille, que l'on voit apparaître des calcaires jaunes ou gris, à cassure conchoïde, qui rappellent tout à fait le Lias et que je n'hésite pas à rapporter à cet étage, bien qu'ils n'aient jamais fourni, à ma connaissance, aucun fossile. Ils se continuent fort loin dans la direction de Belcaire.

Il se présentait là deux faits anormaux : l'épaisseur inusitée du Gault et la forme irrégulière et sinueuse de la ligne de contact du Lias et du Gault. J'avais déjà, dans le compte-rendu de la réunion de la Société géologique dans les Corbières, émis l'hypothèse que la présence de lambeaux calcaires dans la plaine d'Espezel, était due à un de ces phénomènes de renversement dont les études récentes démontrent la grande fréquence dans les Pyrénées : mes dernières courses ont confirmé mes prévisions.

En effet, au col du sentier qui va de Monségur à Font de Lasqueille, on peut voir très nettement la superposition du Lias sur le Gault ; au contact des deux formations, on constate, sur une épaisseur de plusieurs mètres, l'existence d'une zone de froissement où les couches sont brisées et réduites en fragments assez volumineux.

Il n'y a donc plus de doute quant à l'existence du recouvrement du Gault par le Lias au Sud de Monségur et de Fougax : l'épaisseur considérable du Gault s'explique par ce fait que cet étage se trouve replié sur lui-même.

Si l'on se reporte à mes études sur la feuille de Quillan, on verra que l'accident dont je viens de parler est de première importance : le recouvrement de Font de Lasqueille est en effet le prolongement de celui du Pic d'En Malo, des gorges de Saint-Georges et de Labeau.

Un autre point qui attire depuis longtemps l'attention, est la situation, paraissant anormale, des Hippurites de Benaix-Villeneuve d'Olmes. En cette dernière localité, les calcaires à Hippurites visibles auprès du pont, sont inclinés au Sud et recouverts en concordance par des marnes bleues qui se poursuivent fort loin. Elles sont surmontées elles-mêmes par des marnes à *Micraster brevis*, puis viennent des calcaires à Rudistes indéterminables et des marnes assez semblables à celles du Sénonien, mais qui renferment par places des fossiles certainement cénomaniens, et enfin le Gault et l'Urgonien.

Bien que le renversement soit évident à mon avis, il a été vivement contesté à plusieurs reprises, et le principal argument mis en avant pour combattre cette opinion, est la position des Hippurites de Villeneuve-d'Olmes, qui se montrent avec la valve operculaire en haut, dans la position où elles ont vécu ; la couche qui les contient ne serait donc pas renversée.

Quoi qu'il en soit de ce point spécial, dont je m'occuperai lorsque mes déterminations seront terminées, il n'est pas douteux pour moi que la succession ne soit continue et renversée entre Monségur, ou tout au moins Serre-Longue, et Benaix ; il n'existe dans ce parcours aucune faille, et les couches à Hippurites de Benaix-Villeneuve d'Olmes appartiennent au Sénonien supérieur.

Je rappellerai d'ailleurs que l'étude paléontologique de ces Hippurites, faite par M. Douvillé, conduit à considérer les couches de Benaix-Leychert comme plus récentes que celles de la Montagne des Cornes : les espèces n'ont aucun rapport avec celles du Turonien.

Feuille de Bagnères-de-Luchon. — J'ai étudié sur cette feuille les environs de Saint-Girons d'une part, la région de St-Béat et de Mauléon-Barousse d'autre part.

Dans la première partie, j'avais d'abord à rechercher si les roches granitiques traversent le Jurassique, comme M. Caralp l'a signalé sur ses minutes, et je suis arrivé à cette conclusion que, si les affleurements granitiques sont fort nombreux dans les schistes primaires, je n'ai jamais vu aucun point où ces roches soient même en contact avec le Jurassique. Il ne m'est pas possible, en effet, de rapporter à ce système les schistes d'Alos et d'Engomer qui n'ont aucun des caractères habituels de ces assises, tandis qu'ils rappellent le Primaire inférieur de toute cette zone.

Je n'ai pas encore visité la région située à l'Ouest de Castillon, mais les couches de cette partie étant le prolongement de celles d'Alos-Engomer, il me paraît dès à présent très probable qu'elles ne se rapportent pas plus que les premières au Lias moyen.

Comme j'ai prouvé précédemment que les faits signalés dans les Pyrénées-Orientales pour démontrer l'âge post-crétacé du granite, pouvaient être expliqués d'une façon toute différente, il n'y a plus aucune raison de supposer que l'éruption du granite soit, dans les Pyrénées, d'âge jurassique ou crétacé.

Depuis que j'ai signalé en 1889 le pli couché de Bugarach, un certain nombre d'accidents semblables ont été reconnus sur le versant Nord des Pyrénées, mais jusqu'à présent, on n'en avait indiqué que sur les feuilles de Quillan et de Foix. Or les premières courses que j'ai faites sur la feuille de Bagnères, m'ont montré que des renversements importants y existaient également.

Si, en effet, on quitte la vallée du Salat à trois kilomètres environ au Sud de Saint-Girons pour se diriger au S.-O., on rencontre successivement le Trias, le Lias inférieur, le Lias moyen, la Dolomie jurassique, l'Urgonien et le Gault, en superposition normale et plongeant fortement au S.-O. Le Gault occupe une partie déprimée où est bâti le hameau de Montfaucon ; si de cette vallée, on veut continuer à s'avancer dans la même direction, il faut gravir le Tuc de Sugnède qui s'élève presque à pic de plus de 600 mètres, et montre successivement de bas en haut, le Gault, l'Urgonien et la Dolomie jurassique. Cette dernière constitue le sommet et est recouverte sur le versant Sud de la montagne par le Lias moyen et le Lias inférieur ; le Primaire enfin apparaît dans la vallée qui va d'Alos à Luzenac. Il y a donc là le pli couché le mieux caractérisé, avec renversement au N.-E., c'est-à-dire vers l'extérieur de la chaîne, conformément à la règle habituelle dans les Pyrénées.

En ce qui concerne les environs de Saint-Béat et la vallée de la Garonne, mes recherches m'ont fait reconnaître qu'il y avait de nombreuses modifications à faire subir, tant à la carte de Leymerie qu'aux relevés de M. Caralp; mais il y a un point fort important pour la région, sur lequel je suis d'accord avec ce géologue : c'est celui de l'âge des marbres de Saint-Béat. Je crois que cette couche appartient au Lias inférieur, comme les marbres de Sainte-Colombe dans l'Aude, et ceux d'Estagel dans les Pyrénées-Orientales.

En terminant, je signalerai un gisement nouveau de Graptolites dans le Silurien de la Chapelle des Puts près de Fronsac : les espèces n'ont pas encore été déterminées.

FEUILLE DE FOIX

PAR

M. C. DE LACVIVIER
Proviseur du Lycée de Montpellier,
Collaborateur adjoint.

J'ai fait une première excursion dans la partie Nord-Est du massif du St-Barthélemy, en me tenant sur la limite des roches anciennes, gneiss et Précambrien. Il y a sur ce point des schistes noirs, des schistes bleuâtres et des calcaires gris cristallins fortement redressés avec léger plongement au Sud, mais paraissant former un pli isoclinal vers le Nord, ce qui est d'ailleurs la manière d'être des formations qui règnent dans cette région. Ce système, dans lequel on ne trouve pas de fossiles, ne peut représenter que le Silurien. Il supporte des calcaires amygdalins, des griottes, des marbres Campan, généralement considérés comme appartenant au Dévonien, et des schistes terreux attribués au Carbonifère. J'ai relevé au cours de cette excursion quelques lambeaux de glaciaire, de Jurassique et de Trias. Les couches sont dirigés, sur certains points, de manière à donner lieu à diverses interprétations et à faire supposer qu'il y a là des phénomènes de recouvrement.

Vers l'Est, les terrains primaires disparaissent sous le Jurassique et on ne les retrouve plus que dans la vallée de l'Aude, au-delà du pays de Sault. A l'Ouest, leur continuité est apparente sur une longue étendue.

A mon retour de cette excursion, j'ai trouvé la lettre que M. Carez m'a adressée en votre nom et modifiant l'itinéraire que je m'étais tracé. Je me suis efforcé de me conformer au programme que vous m'indiquiez ; c'est ainsi que j'ai visité la région de Tarascon et de Vicdessos.

Dans la première de ces localités, j'ai trouvé un fossile, Ammonites Mammillaris qui m'a permis de me prononcer sur l'âge d'assises que la Société géologique avait examinées en 1882, sans pouvoir formuler une opinion. Dans la vallée de Miglos, il m'a été possible de délimiter le Jurassique et le Silurien ; dans la direction de Lapège, j'ai pu marquer les contours du gneiss et du Lias supérieur. A Vicdessos, je n'ai rien vu de particulier, si ce n'est un nouveau pointement de Lherzolite. Après avoir visité cette vallée, j'ai exploré les environs d'Ussat et d'Ornolac, noté quelques lambeaux de glaciaire, délimité le Gault et l'Urgonien.

C'est à l'extrémité occidentale de la feuille de Foix, c'est-à-dire à l'Ouest de la vallée du Salat, que j'ai commencé une troisième excursion. Je voulais visiter le Montvalier où un Trilobite avait été trouvé l'année précédente. Malgré des recherches patientes, je n'ai pas pu recueillir d'autres fossiles et je dois me contenter d'une mauvaise empreinte que j'ai confiée à un confrère, pour avoir une détermination qui pourrait me donner des indications précieuses. Je n'ai rien vu de particulier dans la vallée d'Estours, pas plus que dans celle de Couflens où règnent les griottes. En coupant le massif qui sépare la vallée du Salat de celle d'Ustou, j'ai eu l'occasion de délimiter le Jurassique, de noter l'existence du glaciaire et de suivre les griottes ainsi que les schistes sous-jacents, dans la direction d'Aulus. Dans les vallées d'Aubé et du Garbet j'ai tracé les limites du granite qui s'infléchit au Sud et passe la frontière vers l'extrémité de la vallée d'Ustou.

En quittant Aulus, je me suis engagé dans le massif d'Ercé pour tracer les contours du Crétacé supérieur, qui repose directement sur le granite du côté du Sud, tandis qu'à l'Est et au Nord, on trouve par lambeaux du Gault, de l'Urgonien, du Jurassique, du Trias, des schistes et des gneiss. Cette région est très disloquée et difficile à débrouiller. Deux journées ont été consacrées à l'exploration des vallées de Port, de Liers et d'Eycherboul dans lesquelles on trouve des schistes siluriens disposés autour d'une masse de schistes quartzeux en bancs puissants représentant le Précambrien.

Un peu plus tard, j'ai visité la vallée de Saurat dans sa partie la plus élevée. Les gneiss se montrent sur la droite, à partir de la caserne de gendarmerie ; sur la gauche, ils n'apparaissent que plus haut. Une faille semble avoir coupé obliquement cette vallée dont le fond est recouvert par une masse glaciaire qui peut être suivie jusqu'à Col-de-Port. Des deux côtés, on observe un lambeau de calcaires jurassiques bleuâtres, veinés de blanc. Sur la gauche, c'est-à-dire vers le Sud, au-dessus des bois de Sauzet et de Candail, les gneiss supportent les schistes siluriens qui constituent en grande partie les pics d'Estibal et de la Journalade. Les caps de la Coste et de la Dosse sont constitués par les gneiss et les granulites. Sur un point que j'indiquerai sur la carte, j'ai relevé un banc assez mince de Cipolin paraissant avoir son prolongement d'un côté vers Arignac, de l'autre vers l'étang d'Artax. A l'extrémité de ce promontoire, on trouve une mince bande schisteuse qui sépare les gneiss des dolomies jurassiques du pic situé à l'est de Trabinet. Ces dolomies supportent l'Urgonien, qui forme l'arête rocheuse dont le prolongement surélevé peut être suivi vers le Sud et constitue les rocs de Calamès et de Sédour. D'un côté, vers Rabat, de l'autre vers Saurat, il y a du Gault. Dans cette dernière localité, ce terrain est recouvert par le Crétacé supérieur.

De la rive gauche de l'Ariège à la vallée du Salat, se trouve un massif montagneux qui est le prolongement vers l'Ouest de celui du St-Barthélemy. La partie la plus élevée est constituée par les gneiss et les granulites. Sur le versant Nord, on trouve successivement des schistes siluriens, des calcaires amygdalins et des griottes attribués au Dévonien, des schistes carbonifères auxquels succèdent des griottes, des schistes terreux et, sur une étendue de 4 à 6 kilomètres, entre la

Gardesse et Camel, une bande de calcaires noirs et gris, de calcaires dolomitiques auxquels succèdent des poudingues et des grès rougeâtres sur lesquels repose le Trias. Les calcaires sont fossilifères. Il y a là des encrines, des spirifers et l'Atrypa reticularis. Je croyais autrefois que les griottes devaient être rattachés à ce système, qui paraît être Dévonien. Une nouvelle étude de cette région me rend hésitant et disposé à adopter l'opinion de M. Barrois, c'est-à-dire à placer les griottes dans le Carbonifère. En effet, les calcaires alternent avec les schistes à Productus. J'avoue que je ne vois pas bien clair dans cette partie de la géologie de l'Ariège. Peut-être que la détermination de quelques fossiles recueillis au cours de ma dernière exploration éclaircira ce point obscur.

J'ai visité ensuite les environs de Freychenet où M. de Grossouvre a observé des phénomènes de recouvrement. Je n'ai rien vu de pareil. Ainsi que je l'ai dit plus haut, il y a là des couches étirées, de sorte que les terrains primaires, le Trias, le Jurassique et l'Urgonien se montrent avec des épaisseurs variables. Cette dernière excursion m'a permis de rectifier quelques contours.

ÉTUDE SUR LES PYRÉNÉES CENTRALES ET ORIENTALES

PAR

M. J. ROUSSEL

Docteur ès-sciences.
Professeur au Collège de Cosne,
Collaborateur auxiliaire.

Voir le Bulletin n° 35, récemment publié.

VALLÉE D'OSSAU ET VALLÉE D'ASPE

PAR

J. SEUNES
Professeur à la Faculté des Sciences de Rennes,
Collaborateur adjoint.

Coupe de la vallée d'Ossau entre Iseste et Eaux-Chaudes.

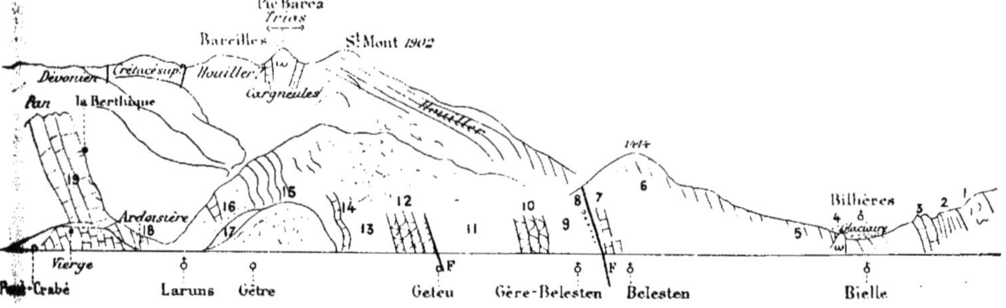

1. Calcaire à *Toucasia* et à *Orbitolina.*

2. Schistes noirs à *Hoplites Deshayesi* au sud de Casamayor.

3. Calcaires noirâtres sans fossiles. Crétacé inférieur très probablement.

Glaciaire recouvrant des schistes et calcaires noirs, d'après ce qu'on voit dans le ravin au Sud-Est de Billières.

4. ω Ophite. Bielle.

5' Caclschistes sans fossiles.

6. Entre Bielle et Gère-Bélesten, calcaires, schistes et calcschistes sans fossiles. Secondaire.

7. Ilot de calcaire zoné de noir grisâtre et de blanc, dolomitique ; au bas du flanc de la vallée, calcaires dolomitiques. (N. O. de Gère-Bélesten).

8. Schistes avec *bancs de grès grossiers traversés* par des filons de porphyrite. } Houiller.

9. Schistes subardoisiers par places avec quelques bancs de grès. } Houiller.

10. Calcaires cristallins dolomitiques de Gère-Bélesten, avec schistes, *peu visibles*, si ce n'est au bas de la vallée, se décomposant à l'air en sable dolomitique

rougeâtre. (*Lentilles de calcaires blanc*) : dirigés vers le N.O ; ***n'arrivent pas au ruisseau de Gère-Bélestin.***

11. Schistes durs, micacés, *ardoisiers*, par places (exploitation).

Fenestella, *Spirifer*, moules en creux et internes qui paraissent représenter le *Sp. Pellicoi ;* mais on ne peut rien affirmer.

De nouvelles recherches sont indispensables.

12. Calcaires de Geteu. — Observés au bas de la vallée, ils se montrent constitués par des calcaires cristallins grisâtres, dolomitiques, ressemblant entièrement aux couches n° 10. Bancs de calcaires noirs, *mais pas de calcaire blanc.*

La bande est orientée comme le n° 10 N.N.O.-S.S.E.

La *Carrière dite de Geteu* se trouve à 100 mètres environ au-dessus de la vallée.

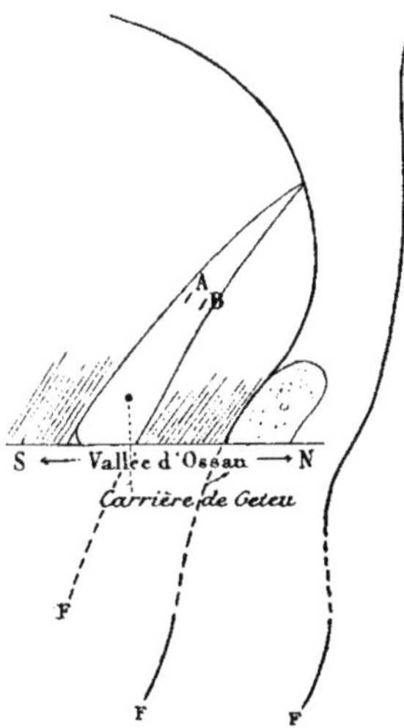

On y voit des bancs lenticulaires de *calcaire blanc cristallin* et dolomitique, présentant par place la tendance à prendre la structure entrelacée.

Polypiers palézoiques : *Amplexus*, *Zaphrentis*, *Favosites* ; etc.

On ne peut suivre pas à pas la bande vers le N.N.O. ; il faut, pour la toucher, monter soit par Gètre au Sud. soit par Gère-Bélesten au Nord

A 1800 mètres environ à l'Ouest de Gère-Bélestin la coupe est la suivante, du Sud au Nord (En plein bois).

A. Bancs de calcaire dolomitique gris, verdâtre, parfois cristatlin, à aspect gras, présentent par places une structure calcaro-schisteuse et plus ou moins entralacée. Nombreux moules de Goniatites calcifiés. N'ayant pas trouvé d'échantillons déterminables dans les fragments de roche que j'avais rapportés, j'ai prié le guide de tirer plusieurs coups de mine. Je viens de recevoir 50 kil. de roche ; j'ai pu extraire quelques échantillons présentant les caractères des

Goniatites du groupe des *Goniatites retrorsus*. Fait qui confirme la découverte que j'avais faite en 1887.

B. Au-dessus (à quelques mètres de distance) vient une série de calcaires et de schistes. Les calcaires sont amygdalins et entrelacés, grisâtres ou jaunâtres; parfois ils sont blancs, cristallins et dolomitiques. J'ai recueilli des débris d'Encrines d'*Orthoceras* et *Gonialites Crenistria* du Carboniférien.

En s'élevant vers l'Ouest, toute trace de calcaire disparaît (toujours sous bois) et on ne trouve plus que des schistes avec grès recouvrant tout l'espace occupé par *Bois-terre inconnue* et par Bois d'Aspeigt, jusqu'au *d' d'Aspeigt*.

Ces couches renferment, en remontant le ruisseau de Lassourde, des bancs de Poudingues quartzeux. = *Houiller se poursuivant jusqu'au sommet du St-Mont* 1902 (voir la carte). *Observé de la Montagne verte ou des Eaux Bonnes, ce houiller apparaît comme un manteau de recouvrement. La photographie donne la même impression trompeuse.* C'est contre cette bande primaire, qu'entre le pic Barcilles et le Pic de Lauriolle et la Crête 1336, vient se terminer brusquement la bande des terrains secondaires de la vallée d'Aspe, allant du Plateau d'Ourdinse au Pic de Lauriolle.

Au Sud (500 mètres environ) de *p* d'Aspeigt, sur les deux rives du ruisseau de Lassourde, il y a dans ces schistes houillers des bancs de calcaire cristallin ± dolomitique, traversé par des filons de cuivre = *mine d'Aspeigt*.

Voir carte pour les relations du Houiller avec le Secondaire — et l'ophite du Pic Bareilles.

13. Au Sud des Calcaires de Geteu, on ne voit pas nettement le contact de ces calcaires et des couches 13 formées de schistes noirs avec très rares filonnets de quartz et intercalation de 2 assises de calcaires et de calcschistes noirs très veinés de calcite. Pas de fossiles.

Ces schistes correspondent aux schistes tégulaires à *Néreites* des bords du Canceigt (rive droite du gave d'Ossau, au Nord de Bagès).

14. Bancs de calcaire grisâtre, avec bancs entrelacés grisâtre-violacé, et intercalation d'une assise (quelques mètres) de schistes ardoisiers exploités. Les bancs entrelacés m'ont fourni des *goniatites* transformées en calcite qui ne m'ont donné aucun caratère.

Un autre banc de calcaire à débris de fossiles m'a fourni quelques gastéropodes.

15. Schistes et calcschistes de Gètre = Coblentzien, de Béos, rive droite du Gave.

16. Schistes.

17. Calcaires. calschistes dans schistes. Pas de fossiles.

18. Schistes ardoisiers, exploités au Sud-Ouest de Laruns.

19. { Calcaires du Pan.
Calcaires du Hourat. Il semble bien qu'il y ait passage entre **18** et **19.**

α Schistes avec lits calcaires.

β Schistes tombant en poussière. ardoisiers par places.

γ Intercalation de lits calcaires, veinés de calcite et traversés par quelques filons de quartz.

Interruption sur le côté droit (O) de la vieille route du Hourat, mais à gauche, en montant (E), lits de calcaire sableux, puis vient la masse du Hourat formé de *Calcaires blanc jaunâtre*, à cassure cireuse, avec parties schisteuses (tendance à passer à la structure entrelacée) de calcaires noirs et gris, enfin d'intercalation de quelques lits de schistes.

On y trouve aussi des bancs de calcaire cristallin, dolomitique ne pouvant se différencier de ceux de Geteu et de Gère Bélesten.

Des bancs de calcaire noir, très veinés irrégulièrement de calcite.

Noter la présence de quelques cristaux de blende, d'un filon de porphyrite et de quelques parties quartzeuses sur la droite, après la tranchée de la Vierge.

A la Vierge, calcaires imprégnés de cuivre (*Filonnets* sur la rive gauche du Gave).

Au Pont Crabé, des deux cotés de la vallée, schistes avec faciès anciens (veines de quartz, filon de porphyrite) tombant par place en poussière.

Les caractères ci-dessus se retrouvent dans la formation traversée par la nouvelle route des Eaux-Chaudes.

C'est dans le prolongement de cette bande que se trouve la mine de la Barthèque (blende, cuivre, zinckérite).

En remontant la vallée du côté d'Eaux-Chaudes.

On trouve ensuite des calcaires gris, et des calcaires *piquetés de jaune, de rose*, etc., qui, je n'en doute pas, d'après tout ce que j'ai vu, appartiennent au Crétacé. — Quant à la formation du Hourat, je n'ose me prononcer; je dois cependant dire qu'il y a jusqu'ici plus de probabilité pour qu'elle soit *carbonifère* ou *silurienne*.

Aucun des lambeaux crétacés ne présente les caractères de cette formation.

De nouvelles recherches dans le massif 1750 au Sud-Ouest de Laruns, me donneront je crois, la clef du problème.

La coupe relevée sur la rive droite du gave d'Ossau est analogue à celle de la rive gauche.

La présence de la blende, de la galène et du cuivre ne suffit pas pour prouver l'âge primaire des calcaires du Hourat, etc., j'ai été voir, à l'Est de Castet et de Louvie-Juzon, au point indiqué sur ma carte par une croix rouge un gîte de cuivre entre bancs, faisant partie d'une formation calcaire comprise entre deux bandes de calcaires fossilifères (Crétacé inférieur).

Il y a aussi dans ces calcaires cuivreux des poches ± filoniennes de minerai de fer.

Ces calcaires sont traversés par des ophites, dont on ne voit pas les relations : les pâturages et les éboulés, voire même du glaciaire, recouvrent tout.

L'ophite de Castet (Est) *traverse* nettement des schistes et calschistes noirs sans fossiles.

Je suis porté à croire que ces couches et les calcaires cuivreux sont plutôt du Jurassique que du Crétacé inférieur, — elles ne ressemblent en rien aux formations anciennes.

Il n'y a ni argiles bariolées, ni dolomie, ni cargneules au voisinage de ces ophites.

Au Sud de cette région, le secondaire vient buter contre le *Houiller ;* à l'Ouest et à l'Est du col de Louvic, il y a paraît-il cargneules, dolomie et gypse que je n'ai pas su trouver.

Les cargneules et dolomies accompagnées de pointements d'ophite se retrouvent :

1° Entre Bédous et Aydius jusqu'au Pic Bareilles.

2° Au col de d'Iseye.

3° Au col de Lurdé et *dans le ravin descendant du col vers les Eaux-Chaudes.*

Il est évident que les ophites jalonnent des lignes de faille dans beaucoup de cas, mais pas toujours, comme semble le montrer le pointement ophitique du pic Maras (entre Accous et Eaux-Chaudes), placé en plein Houiller. Ici les lits calcaires sont dolomitisés, mais ni argiles bariolées, ni gypse.

Après cette diversion, je reviens aux affleurements de la vallée d'Ossau.

La bande de calcaire cristallin de Gère-Bélesten (n° 10) disparaît avant le ruisseau de Gère-Bélesten.

Elle se retrouve sur la rive droite, passe au pic d'Auzu et au pic de Listo et disparaît sur la rive gauche du Canceigt.

La Bande de Geteu n° 12, disparaît à l'Ouest, se retrouve sur la rive droite du gave d'Ossau, passe au Nord de Louvie-Soubiron, à Listo, traverse le Canceigt et disparaît plus à l'Est.

Au Nord du Grun, le dévonien vient buter contre le Houiller.

Le calcaire carbonifère reparaît à l'Est de la vallée de Ferrières, comme l'a indiqué M. Lartet.

A l'Ouest de Laruns, le dévonien s'arrête brusquemment au pic Lory et s'avance vers le Sud jusqu'au Montagnou d'Isey (*Fenestella*).

L'affleurement calcaire (Sud-Ouest de Laruns) marqué en carbonifère (?) est constitué par des calcaires blanc-jaunâtre et noir avec débris d'*Encrines.*

J'ai marqué en Houiller (?) les schistes souvent ardoisiers et les quartzites du Gourzy de Brèque ; ces assises traversées et silicifiées par de très nombreux filons de quartz pourraient bien être plus anciennes.

C'est également au Houiller que j'ai rapporté : 1° les schistes et les grès du Bois de Nègre entre la vallée d'Eaux-Chaudes et le pic de Goupey, 2° les schistes situés à l'ouest de Goust [1].

Je n'ai pu aller du col de Lurdé à la mine de cuivre située au Sud du Pic de Goupey. Cependant cette région mérite d'être étudiée avec soin, car à la Tume, il y a des calcaires cristallins traversés par le granite qui doivent se continuer vers l'Ouest, très probablement jusqu'au delà de la mine.

Le Sud de l'Arcizette que j'avais vu l'an dernier est aussi un point à visiter, mais qui demandera du temps et beaucoup de difficultés.

[1] Griottes à la descente sur Goust en venant du Plateau de Besse situé sur le Houiller.

Au Sud de Tume et du granite d'Herrana, il y a des calcaires cristallins blancs du Pont de Sagette = calcaire dit de Gabas que j'ai maintenus dans le carbonifère; ils sont recouverts par les schistes et les grès de la vallée du gave de Brousset qui m'ont paru appartenir au *Houiller*.

A la Case de Brousset, à droite et à gauche de la vallée, il y a des calcaires griottes très développés, s'élevant jusqu'au sommet du Pic de Soques et vers la crête 2135 (O).

Les calcaires cristallins et blancs du *Pont de Sagette*, passent sur la rive gauche, forment le Pic Lavigne, descendent dans la vallée du gave de Bious-Artigues et s'élèvent jusqu'au delà du Pic Pourratatère.

C'est encore au Houiller que j'ai rapporté les schistes du gave de Bious-Artigues enveloppant le Pic du Midi. Le Pic Peyrot et le Pic d'Agous sout en grès permien.

Je n'ai pu séjourner à Gabas à cause du mauveais temps ; le peu que j'ai vu me fait croire que cette région d'accès fort pénible sera *beaucoup plus facile* que tout le reste au *point de vue stratigraphique*.

Le massif calcaire (crétacé supérieur) du Pic Bergon, entre la vallée d'Ossau et celle d'Aspe (entre Accous et Eaux-Chaudes), repose sur une série de calcaires passant à la base, à des calcaires dolomitiques, à des cargneules avec intercalation de lits détritiques schisteux et verdâtres, qui m'ont paru représen-l'infralias, de telle sorte que j'ai cru pouvoir rapporter cette série au Jurassique. — Pas de fossiles.

Vallée d'Aspe.

Je signale un gisement de Bélemnite au Nord de Bédous sous *de* de Borde de Vignau (S.-O. du plateau crétacé inférieur de Ourdiense).

Je n'ai recueilli que des fragments indéterminables, paraissant appartenir à des espèces jurassiques.

Au Nord de Bédous, à 1500 m. environ, au détour de la route, il y a une masse de *calcaire cristallin* dolomitique, gris, blanc et jaunâtre, ressemblant au calcaire de Geteu et de Gère-Belesten. — Carbonifère ou jurassique ??.

Entre cette formation et le pointement ophitique qui est au Sud, il y a des schistes noirs et violacés identiques à ceux du Houiller de la vallée d'Aydius — ils sont peu apparents — recouverts par le glaciaire et la végétation. Tout le Sud de la crête d'Ourdinse jusqu'au Lauriolle est masqué par des éboulis.

Bandes situées au sud de Bédous.

1. Plateau d'Ourdinse au Pic Lauriolles = Calcaires à *Réquienies*.
2. Bande de schistes avec calschistes de Lourdios (O) au col de Lacouratte (E) Pas de fossiles Aptien ? — Paraît former un synclinal.
3. Calcaires sans fossiles. Calcaires en bancs.
4. Bande de schistes = n° 2 comme apparence lithologique.
5. Calcaires et schistes : Polypiers. Radioles et tests d'Echinides.
6. Calcaires dolomitiques avec partie schisteuses. — Pas de fossiles.
7. Crête calcaire du Pont Escot : *Réquienies*.

ALPES MARITIMES ET PROVENCE

NORD DU DÉPARTEMENT DES ALPES MARITIMES

PAR

M. Léon BERTRAND
Agrégé de l'Université,
Collaborateur adjoint.

Les principaux résultats des recherches que j'ai faites pendant l'été de 1893, sur la feuille de St-Martin-Vésubie et sur la partie septentrionale de celle de Nice, ont surtout rapport à la tectonique de cette région. J'ai déjà indiqué, dans une note aux *Comptes-rendus des séances de la Société géologique* (3e série, t. XXI, p. XV), les faits les plus importants concernant la nature et la distribution des terrains constituant la région. J'ajouterai seulement l'absence du Crétacé supérieur dans le nord de la feuille de St-Martin-Vésubie, où les couches tertiaires reposent sur le Jurassique ou le Crétacé inférieur ; je ne saurais dire s'il y a eu émersion pendant l'époque du Crétacé supérieur, dont les dépôts sont au contraire très puissants un peu plus au sud, ou érosion avant le dépôt des premières assises nummulitiques de la région, mais on a là toutefois la trace de mouvements importants anté-nummulitiques.

L'un des principaux problèmes que j'aie cherché à résoudre est la relation existant entre le massif cristallophyllien et les terrains sédimentaires qui le bordent au sud. Dans l'axe du massif, à l'extrémité N. O. de l'ellipse qu'il forme sur la carte, les terrains sédimentaires, débutant là par le Trias, reposent régulièrement sur les terrains cristallins, avec une faible inclinaison vers l'extérieur du massif. Mais en descendant la vallée de la Tinée, on voit les terrains cristallins fortement redressés et même plongeant vers le centre du massif, c'est-à-dire ayant une tendance à se déverser vers l'extérieur ; d'autre part, j'ai rencontré au mont Tortissa un lambeau de Trias formant un synclinal isoclinal, pincé dans les terrains cristallins et couché vers le sud, ce qui concorde bien avec le résultat précédent; deux autres lambeaux triasiques semblables à celui-ci se rencontrent aussi sur la rive gauche de la Tinée, à 4 km. au-dessus d'Isola. Entre St-Sauveur et St-Martin-Vésubie, les terrains cristallins sont entièrement situés en Italie, mais on peut constater, à Valdeblore, la continuation de ces plissements, car les schistes rouges permiens et les quartzites triasiques y sont redressés et légèrement renversés vers le S. O. On rencontre de nouveau les terrains cristallins dans la haute vallée de la Vésubie, et on y trouve de nouveaux indices d'un renversement du massif vers l'extérieur, en particulier à Berthemont et dans le chaînon situé entre les vallées du Spaillard et de la Gordolasque. En résumé, *sauf dans l'axe du massif, les terrains cristallins paraissent, sur la bordure méridionale, s'être généralement redressés et même déversés vers l'extérieur.*

Il existe en outre, dans le bassin supérieur de la Tinée, d'autres plissements intéressant la bordure sédimentaire, très voisins du massif cristallin, mais *renversés vers lui* ; ces plis couchés sont très nets aux environs de St-Sauveur, où ils affectent le Permien et le Trias, et dans le vallon de Roja, affluent de la Tinée, où ils intéressent le Jurassique. Ces plis passent entre le massif cristallin et l'anticlinal ou plutôt le dôme de Guillaumes, et me paraissent être probablement en relation avec les mouvements qui ont produit celui-ci.

J'ai aussi continué l'étude des plis situés au sud du dôme de Guillaumes, qui paraît avoir joué un rôle directeur très important envers les plissements post-éocènes de la vallée du Var ; j'avais signalé l'an dernier, dans la note citée plus haut, les deux synclinaux d'Entrevaux et de Puget-Théniers, et, dans mon rapport à M. le Directeur du service, l'existence d'un anticlinal commençant sur la feuille de Castellane et venant sur la rive droite du Var jusqu'à Puget-Théniers (montagne du Gourdan), en s'y transformant sur son flanc nord en un pli couché et même en un pli-faille. Le flanc sud de ce pli reste bien complet, mais, tandis qu'il présente un plongement régulier vers le sud dans la coupe fournie par la route de Puget-Théniers à Roquestéron, on le voit plus à l'ouest, à la Rochette, se redresser et même se renverser légèrement vers le sud ; d'autre part, le bord méridional du bassin tertiaire, limité au nord par le pli précédent, montre un chevauchement encore plus marqué vers le sud. La région comprise entre le Var et l'Estéron est donc une zone de passage entre la région où les poussées sont venues du nord et celle où elles venaient du sud.

La constitution de la vallée de la Vésubie est extrêmement compliquée. Entre Roquebillière et Lantosque, tout le fond de la vallée est formé de dépôts triasiques (cargneules et gypse très abondant), apparaissant d'une façon tout à fait anormale ; cet affleurement est limité de deux côtés par une faille, celle de la rive gauche surtout étant très nette et inclinée à 45° vers l'est. Ces failles amènent, sur chacune des rives, le Trias en contact successivement avec les différents terrains jurassiques et crétacés, et même, sur la rive droite, avec les dépôts tertiaires ; je n'ai pu relier jusqu'ici cet accident, très analogue à ceux qui donnent naissance aux vallées dites tiphoniques, aux plissements environnants de la région.

Au sud de Lantosque, jusqu'à son confluent avec le Var, la Vésubie traverse une série de lambeaux imbriqués ou écailles, se recouvrant successivement et formés par la série des terrains sédimentaires depuis les calcaires très durs de l'Oxfordien jusqu'aux calcaires en bancs minces du Crétacé supérieur, qui sont en général très froissés au-dessous des calcaires jurassiques qui les recouvrent. Ces accidents stratigraphiques, très complexes et dans le détail desquels je ne puis entrer ici, se retrouvent dans toute la région triangulaire comprise entre la Vésubie, la Tinée et le Var, au sud du massif du Tournairet ; c'est là que les plissements, dirigés O.-E. à l'ouest de la Tinée, tournent brusquement de 90° pour devenir N.-S. et descendre sur la rive gauche du Var jusqu'au voisinage de la mer. Par suite cette région a été le siège de compressions très énergiques, qui sont la cause de cette structure imbriquée. Il est d'ailleurs remarquable, si l'on étudie la rive gauche de la Vésubie, que, tandis que les pentes sont formées par les terrains secondaires ainsi mouvementés, on voit, reposant *en concordance* sur la dernière série de Crétacé supérieur, les terrains tertiaires bien développés, en couches sensiblement horizontales, qui forment la crête de l'Aution et que je n'ai jamais rencontrés à la partie supérieure des différents lambeaux imbriqués du fond de la vallée ; mais, un peu à l'est, ces terrains se montrent affectés des mêmes plissements que les terrains secondaires, dans la chaîne qui sépare la vallée de la Bevera de celle de la Roya.

La vallée de la Bevera est aussi creusée à Sospel dans le Trias, de même que celle de la Vésubie à Roquebillière, mais la question y est moins complexe, car le contact anormal du Trias avec le Crétacé supérieur n'a lieu que sur la rive gauche et me paraît pouvoir s'expliquer là par un pli-faille ; la rive droite montre au contraire, en montant de Sospel au col de Braus, le Trias surmonté par la série complète et bien développée des terrains secondaires et nummulitiques.

BANDES TRIASIQUES DE BARJOLS ET DE RIANS

PAR

M. Marcel BERTRAND
Ingénieur en chef des Mines
Attaché au service central.

A l'angle S. E. de Draguignan, M. Kilian a signalé des plis couchés, dont le prolongement n'était pas apparent sur les feuilles déjà publiées, et dont le raccordement avec le système de la région de Draguignan restait un peu obscur. J'ai étudié cette région, soit seul, soit avec M. Zurcher ; nous avons pu y reconnaître le grand développement du Nécomien, en partie attribué sur la feuille de Draguignan au Bathonien, et celui des dolomies bathoniennes, confondues avec les dolomies du Jurassique supérieur. Grâce à ces corrections, le raccordement cherché se dégage bien dans ses traits principaux, mais il offre encore dans les détails de sérieuses difficultés, à cause de deux particularités de la structure du pays : d'abord les plis n'ont très souvent qu'un parcours très limité en direction ; ceux même qui sont renversés et couchés s'abaissent et s'arrêtent brusquement, souvent sans se relever à leurs extrémités, faisant apparaître les calcaires jurassiques comme de grandes ampoules, crevées obliquement, au milieu des terrains meubles du Crétacé supérieur et du Tertiaire. En second lieu, tous les plis, aux environs de Barjols, semblent arrêtés et coupés par une grande bande transversale de Trias qui, lui-même très plissé, surgit comme en discordance au milieu des étages plus récents qui le bordent. J'ai déjà indiqué (C. R. sommaire de la Soc. Géol.) quelques-uns des résultats de cette étude, qui n'est pas encore terminée. J'en parlerai l'année prochaine. Je me contente ici de dire en quelques mots la manière assez curieuse dont se présente le problème.

Toutes les discordances observables dans la région (si l'on ne parle pas de la *transgression* du Crétacé supérieur) sont des discordances mécaniques. Les deux systèmes de plis qui semblent se croiser ne forment en réalité qu'un système unique, produit en une seule fois par un même effort de compression. Le réseau résultant de cet effort se rapproche des réseaux ordinaires de plissement par l'existence d'une série de rides à peu près parallèles ; il s'en distingue, en outre de la brusque limitation de quelques-unes des chaînes, *par l'adjonction d'une ligne étrangère, indépendante comme direction*, et dessinant, dans son ensemble, un vaste demi-cercle autour du bassin crétacé de Fuveau. Je suis porté à considérer cette ligne comme une ligne de faiblesse, préparée par des circonstances antérieures qui restent à définir, et prédestinée comme telle à s'associer, par suite d'une décomposition de forces toujours possible, à tout réseau de plis formé dans la région. Dans ce cas, par simple raison de continuité, ces plis aberrants doivent se raccorder avec les autres plis formés en même temps qu'eux. C'est ce raccordement qu'il reste à vérifier dans ses détails, en suivant et délimitant, comme j'espère pouvoir le faire, les subdivisions du système des calcaires et cargneules triasiques.

FEUILLE DE CASTELLANE

PAR

M. P. ZURCHER
Ingénieur en chef des Ponts et Chaussées,
Collaborateur adjoint.

I. STRATIGRAPHIE

Trias. — Un important massif de Muschelkalk a été reconnu à l'Est de Beynes; cette constatation étend encore vers le Nord le domaine de ce niveau, qui précédemment paraissait ne pas dépasser les environs de Castellane.

Crétacé. — Quelques observations intéressantes ont pu être faites au sujet des couches cénomaniennes immédiatement inférieures aux zones turoniennes à grandes *Ostrea columba*.

Au col du chemin de Levens à Châteauneuf-de-Moustier; près de la Chapelle de St-Thiens, au N. du Bourguet; au N. du château de Taulanne. près du logis du Pin; enfin dans le Vallon du Fil, entre le Château d'Esclapon et Mons. au lieu non marqué sur la carte d'état-major dit: Can de Lèbré, on observe des marnes blanches noduleuses très fossilifères et riches surtout en brachiopodes, parmi lesquels il convient de citer surtout *Terebratella carantonensis*, espèce qui avait été citée par Coquand comme rencontrée aux environs d'Eoulx (probablement à la Chapelle St-Thiens), et qui occupe ainsi dans les Basses-Alpes une place bien analogue à celle où elle se montre dans les Charentes, au Port des Barques, à la limite supérieure du Cénomanien, accompagnée même déjà d'espèces turoniennes, et au-dessous des couches ligériennes de Soubise à grandes *Ostrea columba*.

Tertiaire. — Dans la vallée de l'Asse de Blieux, en amont du village de ce nom, on peut observer d'une façon extrêmement nette la transgression du Tertiaire sur le Crétacé: à Blieux même les bancs compactes du Nummulitique couronnent les marnes aptiennes, puis à peu de distance en amont on voit d'abord s'interposer le Cénomanien avec sa puissance normale, puis les couches plus claires du Crétacé supérieur.

En aval de Blieux le substratum du tertiaire varie moins rapidement: c'est tantôt une épaisseur plus ou moins grande de marnes aptiennes, tantôt le Barrémien quand les dites marnes ont été entièrement enlevées par l'érosion. Le Cénomanien ne reparait qu'un instant à Barrême même, très réduit, et disparaît de suite de telle sorte qu'entre Barrême et St-Jacques ce sont de nouveau les marnes aptiennes qui supportent le Nummulitique.

Ce qui vient d'être dit s'applique au flanc Ouest du synclinal. Le flanc Est est accidenté de failles, et le contact de l'Eocène et du Crétacé est aussi masqué en plusieurs points par la transgression aquitanienne. Un trait de grande importance est surtout à signaler, c'est l'exagération locale du faciès détritique de la base des couches tertiaires : à Barrême il n'y a en effet que quelques mètres d'un poudingue grossier au-dessous des premières couches fossilifères du Nummulitique, tandis qu'on peut observer à la même place, sur la route de Barrême à Gévaudan, 500 m. environ d'un poudingue à gros éléments calcaires (presque exclusivement des galets roulés du Crétacé supérieur), auxquels succède l'Aquitanien sans que les couches fossilifères de l'Eocène et du Tongrien se rencontrent au passage. Cette masse de poudingues disparaît rapidement vers le Nord, et aux environs de St-Lions on revoit le Nummulitique normal reposer soit sur l'Aptien, soit sur le Cénomanien. On observe des poudingues analogues, quoique moins puissants, à la montée du Col de Taulanne vers Sénez ; ils contiennent là quelques traces de fossiles marins.

Les couches tertiaires des environs d'Eoulx ont fourni quelques échantillons que M. Depéret a reconnus comme décelant le niveau tongrien supérieur des marnes et calcaires marneux de cette localité, qui contiennent aussi des bois silicifiés.

Le grand synclinal dont Majastres occupe à peu près le centre contient dans sa partie axiale de puissants dépôts tertiaires, autrefois signalés près de Levens par M. Collot. Les fossiles rencontrés près de Soleille-Bœuf, près Majastres ; à Majastres même ; puis aux Abbès près de Levens, dans des marnes souvent ligniteuses et des calcaires plus ou moins marneux, permettent de considérer la plus grande partie de ces dépôts comme miocènes (*Potamides tricinctum* (*Broc.*) *Cyclostoma Draparnaudi* (*Math.*), d'après les déterminations de M. Depéret).

Il convient aussi de noter la rencontre de l'*Helix Christoli* typique dans le voisinage du village de Taulanne, au centre du synclinal de Castellane qui se montre ainsi comme contenant des dépôts éocènes, oligocènes et miocènes.

II. TECTONIQUE

La tectonique de la feuille de Castellane est d'une complication extrême et on peut dire que tous les accidents concevables dans un pays fortement plissé s'y rencontrent.

Dans la campagne de 1893, ce sont surtout les points les plus difficiles qui ont été étudiés, après que la connaissance de l'allure des plissements réguliers aboutissant en ces points a pu permettre de posséder le plus d'éléments possible de la solution du problème.

C'est ainsi qu'on peut considérer comme démontré que la vallée de Chabrières-Norante montre sur son versant Ouest un certain nombre de plis extrêmement intenses, à couches à peu près verticales, venant s'enfoncer presque perpendiculairement sous le flanc normal supérieur d'un grand pli couché constitué par les couches si régulières qui s'étagent du Trias au Crétacé entre l'Asse et la Crête des Dourbes, pli dont le déversement s'atténue rapidement en arrivant à Norante, où les couches reprennent une régularité relative après s'être redressées verticalement.

Un phénomène analogue doit être invoqué pour expliquer le si curieux promontoire jurassique qui s'élève au Nord du hameau de Gévaudan. Ce promontoire est composé de couches principalement jurassiques, doublement plissées, qui vont s'enfoncer obliquement sous le flanc normal supérieur d'un grand pli couché, constitué par du Cénomanien et du Sénonien.

Une disposition du même genre se retrouve aussi à Rougon, où les plis de la clue du Verdon viennent buter contre le flanc normal supérieur d'un immense pli déversé qu'on peut suivre de Majastres à Castellane en passant par Levens, Rougon et Robon, et dont la structure intime est magnifiquement mise au grand jour dans le cirque du Portail, à l'ouest de Blieux.

ALPES CENTRALES

MAURIENNE ET TARENTAISE

PAR

M. MARCEL BERTRAND
Ingénieur en chef des mines,
Attaché au service central.

La plus grande partie des tournées de l'année a été consacrée à la continuation des études entreprises depuis plusieurs années dans la Hte-Maurienne et la Hte-Tarentaise (feuilles de Bonneval, de Tignes et d'Albertville)

Il résulte des observations des précédentes années que la bande houillère de Modane, forme véritablement dans cette partie *la ligne axiale* du système alpin, les plis de l'ouest étant couchés vers la France, et ceux de l'est vers l'Italie. La bande elle-même, comme l'avait déjà reconnu Alph. Favre, est plissée en éventail.

Nord-Ouest de la bande houillère. — A l'ouest et au nord de cette bande centrale, j'ai fait quelques tournées. avec M. Kilian, puis avec M. Revil, dans la partie de la feuille d'Albertville comprise entre Moutiers et le massif du Mont-Blanc. M. Kilian m'y a montré la continuation incontestable de la bande nummulitique, arrêtée dans les cartes précédentes au col du Golet. Le Trias, contrairement aux idées de Lory et de M. Zaccagna, se poursuit là sous la même forme qu'au sud, c'est-à-dire composé de quartzites,de calcaires, de cargneules et de gypses,entre lesquels on peut suivre de longs synclinaux de Lias, contenant des Bélemnites et montrant à leur base d'une manière intermittente les deux horizons reconnus par M. Kilian sur St-Jean, la brèche du Télégraphe et les calcaires coralligènes. C'est l'attribution de ce Nummulitique et de ce Lias au Trias, qui avait fait admettre à tort que le Trias prend dans cette région le faciès de schistes lustrés ou de calc-schistes. Il faut pourtant ajouter que, vers le Sud-Est de cette région, au nord de Bourg St-Maurice, le faciès schisteux semble réellement se développer dans le

Trias, et préparer ainsi le passage aux coupes plus méridionales de la Grande-Sassière, de l'Iseran et du Mont-Cenis.

Bande houillère. — La bande houillère, plissée, comme je l'ai dit, en forme d'éventail se divise en deux branches en arrivant vers le nord au Doron, auprès de Bozel et de Moutiers. L'une des deux branches, (à l'ouest),d'abord très étroite va s'épanouir du côté du Petit St-Bernard, en formant les bassins anthraciteux d'Aime et de Peisey ; la seconde va former à l'est les puissants massifs de l'Aiguille du midi et du Mont-Pourri ; mais de ce côté, le Houiller perd ses caractères lithologiques habituels et prend ceux du Permien de Modane (schistes luisants, verts, rouges, violets et noirs ; micaschistes et gneiss chloriteux). Il est bon de rappeler que si pour certains points des Alpes françaises, l'attribution d'assises semblables au Permien a pu être contestée, il n'en est pas de même pour les couches de Modane ; car, ainsi que l'avait reconnu depuis longtemps M. Lechat, et comme l'ont montré plus récemment MM. Zaccagna et Mattirolo, ces couches sont là intercalées sur une grande longueur entre le Houiller et le Trias, avec passages insensibles aussi bien à l'étage du dessous qu'à celui du dessus. Des preuves aussi directes font défaut pour les massifs de l'Aiguille du midi et du Mont-Pourri, qui ont été jusque ici attribués aux terrains cristallins ; mais la continuité de gisement avec le Permien authentique, la similitude des caractères lithologiques, et surtout les réapparitions locales de *lentilles à faciès houiller* avec traces anthraciteuses, ne me semblent laisser place à aucun doute. Ce serait l'ensemble du Houiller et du Permien qui prendrait là (en s'avançant du côté de l'ancienne mer, connue en Carinthie et en Bosnie) le faciès quartzo-phylliteux, propre au Permien seul plus à l'ouest, c'est-à-dire dans la partie où commençaient les lagunes houillères.

On trouve d'ailleurs de nouvelles preuves de ce métamorphisme du bassin houiller au-dessus du chemin du col du Mont (arête de la Foglietta) ; le poudingue quartzeux du sommet de l'étage passe, avec tous les intermédiaires, à l'apparence d'un véritable gneiss œillé.

L'exploration du massif du Ruytor et du haut de la vallée d'Aoste est nécessaire pour compléter la signification de ces nouvelles données ; mais on peut se rendre compte dès maintenant des modifications considérables qu'auront à subir les cartes géologiques dans cette partie et de l'interprétation nouvelle qui en résulte pour la structure des Alpes, surtout si l'on ajoute que l'anticlinal du Mont Pourri va, par suite d'une forte torsion, se diriger vers le col et la vallée de Rhesme. Ce qui correspond au massif houiller de Modane, *considéré partie centrale du grand éventail alpin*, ce n'est pas seulement l'étroite bande houillère de l'ouest du Grand-St-Bernard, mais *la presque totalité du massif central de la Suisse* ; le massif de la Dent Blanche très certainement, et très probablement celui du mont Rose, sont des anticlinaux secondaires qui prennent naissance et se développent au milieu de cette bande élargie.

Une particularité intéressante de la région considérée, est la structure de la partie comprise entre les deux branches divergentes de la bande houillère. Cette partie forme un synclinal secondaire, comprenant d'abord, au sud de l'Isère, les différents étages du Trias, surmontée au mont Jovet par un couronnement très épais de schistes feuilletés, très froissés et plissotés, mais à peu près horizontaux dans leur ensemble. Ces schistes, rapprochés des schistes lustrés successivement par Lory et par M. Zaccagna, ont été rapportés par le premier au Trias, et par le second à une saillie en forme d'écueil des terrains paléozoïques sous-jacents. M. Potier au contraire, les rapportait au Lias ; c'est la seule opinion qui semble actuellement compatible avec leurs relations stratigraphiques ; j'ai d'ailleurs retrouvé à la base, au N. O. de Bozel, la brèche du Télégraphe. Il faut ajouter qu'à l'est, les schistes sont plus métamorphiques, et qu'on peut les voir à la base alterner avec les calcaires et les serpentines du Trias ; il est donc probable que de ce côté au moins, la base en est triasique. En tout cas, ce qui est remarquable au point de vue théorique, ce sont les actions énergiques de froissement et de métamorphisme qu'ont subies là, d'une manière plus marquée qu'en aucun autre point de la région, *ces couches placées presque horizontalement au sommet de l'éventail alpin.*

En suivant vers l'est le synclinal du Mont Jovet, on arrive, après une courte interruption du Trias dans la vallée de l'Isère, au col du Rocher Blanc et au massif de la Grande Sassière. Là des schistes lustrés encore plus épais occupent, au-dessus d'assises nettement triasiques, une place analogue à celle des schistes du Mont Jovet. On peut voir dans ces schistes un faciès d'une partie des schistes triasiques ; on peut même, pour leur partie supérieure, y voir un représentant transformé du Lias. Mais stratigraphiquement il me paraît impossible d'en faire un système plus ancien que le Trias.

Comme ces schistes lustrés se continuent sans modification dans toute la zone frontière, à l'est de l'éventail houiller, il est préférable de joindre la question des schistes de la Grande Sassière à l'étude de la troisième partie de la région explorée.

Est de la zone houillère. Schistes lustrés.

Je ne fais que mentionner les nouvelles observations de détail faites cette année dans le Trias de Val d'Isère, ou faites avec M. Termier sur le bord du massif de la Vanoise. Une conséquence assez intéressante de ces observations est que le massif de la Vanoise, pris dans son ensemble, se présente comme un grand anticlinal surgissant, en forme de dôme ellipsoïdal, au milieu d'un synclinal de Trias supérieur. Tous les plis de ce massif, si bien décrits par M. Termier, s'arrêtent avec le dôme et *n'ont pas de continuation dans la région du Val d'Isère.* J'ajouterai que mon excursion aux Mottets, avec M. Révil, m'a amené à une conclusion semblable pour l'extrémité sud du massif du Mont Blanc.

Au point de vue de la carte, le résultat le plus important de cette partie de mes tournées a été *la remise en question de l'âge des schistes lustrés du mont Cenis*, âge que j'avais cru définitivement établi par les travaux de M. Zaccagna.

On sait que Lory a considéré les schistes lustrés du Mont Cenis comme triasiques, et qu'il a cité la coupe d'Oulx, dans la vallée de la Doire, en Italie, comme démonstrative en faveur de cette opinion. En 1889, à la suite d'une tournée faite en commun avec MM. Zaccagna et Mattirolo, nous avons pu nous convaincre, M. Potier et moi, que les schistes lustrés d'Oulx sont bien superposés aux calcaires dolomitiques du Trias, mais qu'il existe entre les deux un mince affleurement de quartzites. Les quartzites étant partout dans les Alpes à la base du Trias, leur position à cette place semble montrer que la série est renversée, et que par conséquent l'interprétation de la coupe mènerait à un résultat diamétralement opposé à l'opinion de Lory.

J'ai depuis eu l'occasion de suivre avec M. Mattirolo, jusque auprès de Suze, et avec M. Révil, jusque auprès du col d'Etache, la même intercalation d'un mince banc de quartzites entre le calcaire triasique et les schistes lustrés qui lui sont superposés. De plus les coupes de l'Ubaye données par M. Zaccagna, admises par M. Potier qui les avait visitées, reproduites avec de nouveaux détails par M. Kilian, ne semblaient laisser place à aucun doute. J'admettais donc, avec tous mes confrères de la carte, que les schistes lustrés de la zone frontière étaient certainement antérieurs au Trias. La feuille de Modane n'a fourni aucun fait contraire à cette manière de voir, et la feuille de Bonneval a même semblé apporter un nouvel argument en sa faveur, en montrant l'intercalation dans ces schistes de véritables micaschistes.

Un point cependant était embarrassant, c'était la coupe d'Entre-deux-Eaux, à l'est du col de la Vanoise, qui forçait à admettre, comme l'a fait M. Termier, dans cette partie où tous les plis sont couchés *vers l'est*, un refoulement local d'une très grande amplitude dans la direction opposée. Si l'on se borne à l'examen même du point considéré, il n'y a qu'à admettre là *un double pli*, dans le sens où on l'entend pour les Alpes de Glaris; mais si l'on considère les relations avec les massifs voisins, il m'avait été impossible jusqu'ici de construire dans cette hypothèse une coupe raisonnable de la région. On pouvait, il est vrai, supprimer la difficulté, en admettant avec M. Zaccagna, que le Trias ne passe pas sous les schistes lustrés, qu'il forme seulement un paquet superposé en discordance à la série ancienne ; mais, après avoir visité plusieurs fois la localité, soit seul, soit avec M. Termier, j'ai dû reconnaître que cette hypothèse était absolument contraire aux faits d'observation.

Malgré cette difficulté, qui a arrêté pour moi pendant deux ans tout essai de publication d'ensemble sur la région, l'idée ne m'était pas venue de mettre en doute l'âge attribué aux schistes lustrés. Il a dû en être autrement en arrivant cette année, plus au nord, au massif de la Grande-Sassière. Là en effet, comme je l'ai dit plus haut, on sort de la *zone des plis anticlinaux* pour entrer dans la zone centrale de l'éventail. Dans la première, on ne peut avoir d'indications sur l'âge relatif des assises que si on peut reconnaître les parties renversées, ce qui exige la connaissance d'au moins deux horizons bien définis. Dans la partie centrale de l'éventail, au contraire, on est en face d'une sorte de plateau grossièrement horizontal dans son ensemble, et les conclusions tirées des superpositions apparentes peuvent alors s'imposer avec certitude. C'est ce qui arrive pour les schistes lustrés de la Grande-Sassière : ils forment sur 10 kilomètres au moins de longueur et sur plus de 7 kilomètres de largeur un massif étalé, qui se continue en Italie par une bande plus étroite, entre le Val Grisanche et le Val de Rhesme, bande que j'ai pu traverser une seule fois dans des conditions peu favorables, mais qui a été relevée avec soin sur la carte de M. Zaccagna.

Toute la partie étalée du massif sur le territoire français, et même en partie sur le territoire italien, le long de la descente du col du Rocher blanc et sous la pointe de la Traversière (cette dernière visitée par M. Pierre Lory), *repose sur des calcaires incontestablement triasiques*. Il n'existe qu'une courte interruption, longue à peine d'un kilomètre, et facile à expliquer, au nord des Brévières. Il n'y a que deux hypothèses possibles : ou l'on est en face d'une *immense masse de recouvrement* venue de l'est et supposant un déplacement horizontal de plus de 20 kilomètres ; ou il faut admettre que les schistes lustrés sont supérieurs au moins à une partie du Trias. D'ailleurs, si l'on pousse plus loin les observations, on trouve que des calcaires triasiques sont, au Rocher Blanc, intercalés lenticulairement dans les schistes ; et surtout on peut constater, sous la grande paroi du pic de Picheri, au sud et en face de la Grande-Sassière, qu'il y a passage latéral, par une série d'alternances, de schistes identiques à ceux de la Grande-Sassière, mêlés, comme eux, de roches vertes chloriteuses, avec les calcaires triasiques les plus francs superposés aux quartzites du Dôme. La seconde des hypothèses énoncées s'impose donc sans alternative : *les schistes lustrés de la Grande-Sassière sont triasiques, ou peut-être même plus récents dans leur partie supérieure.*

Redescendant de là vers le sud, j'ai pu constater que cette conclusion s'appliquait avec la même force au massif de la Sana et d'Entre-deux-Eaux, et j'ai été alors amené à me demander si l'on n'aurait pas confondu sous la dénomination de schistes lustrés deux séries d'âge différent. Une tournée faite en commun avec M. Termier nous a amenés à la conviction qu'il fallait renoncer à toute solution de ce genre. Dans cette tournée M. Termier a d'ailleurs trouvé, sous le glacier du Vallon-Brun (c'est-à-dire dans la partie des schistes lustrés qui est continue avec ceux du Mont Cenis et qu'il faudrait comme telle détacher du Trias), *une voûte anticlinale de calcaire triasique plongeant de part et d'autre sous les schistes peu inclinés.* De proche en proche, c'est donc tout l'ensemble des schistes lustrés qu'il fallait restituer au Trias, et ce résultat semblait en contradiction avec la coupe d'Oulx, citée au début, aussi bien qu'avec les coupes publiées de la vallée de l'Ubaye.

Une excursion avec M. Kilian dans le Queyras et dans la vallée de l'Ubaye, semble avoir levé la difficulté ; nous avons constaté en effet que les coupes données dans cette région étaient incomplètes. Les coupes montraient, au-dessus des schistes lustrés, des schistes rouges et verts, attribués au Permien, puis des quartzites triasiques, surmontés par la série normale du Trias. Or, le prétendu Permien est dans la continuation d'un massif de serpentine, et ne m'a semblé être autre chose que des *schistes lustrés serpentinisés*. En tout cas, entre ces schistes et les quartzites, il existe une bande de calcaires, qui était restée inaperçue. L'étude de détail permet même de reconnaître, dans les quartzites comme dans les schistes, une succession inverse de l'ordre ordinaire des assises ; même en l'absence de fossiles, on ne peut douter que ce que l'on avait pris pour une série normale ne soit *une série renversée*. On avait cité aussi des synclinaux de quartzites pincés dans les schistes lustrés ; pour tous ces affleurements, nous avons pu reconnaître qu'il existe partout entre les quartzites et les schistes une bande de calcaires phylliteux; les prétendus synclinaux se présentent au contraire comme des anticlinaux. *La coupe de la vallée de l'Ubaye, sans être démonstrative, est plutôt favorable à l'opinion d'un âge triasique pour les schistes lustrés.*

La coupe d'Oulx reste alors la seule difficulté. Elle s'expliquerait par l'existence d'un *anticlinal écrasé*, qui ferait reparaître une mince bande de quartzites au milieu du Trias, de la même manière que la petite bande houillère de Petit-Cœur reparaît au milieu du Lias. Il reste là de nouvelles études à faire; il reste aussi à suivre la coupe de l'Ubaye plus au sud, où M. Zaccagna indique la superposition constante du Permien aux schistes lustrés. Mais on peut dès maintenant affirmer qu'il faut revenir pour l'âge de ces derniers à l'ancienne opinion de Lory et de Gerlach.

FEUILLES DE DIGNE ET DE GAP

PAR

M. HAUG

Chef des travaux pratiques à la Faculté des Sciences de Paris.
Collaborateur principal.

La nouvelle route de Verdaches à Barles par la « clue » du Bès a mis à découvert plusieurs points d'une coupe allant du Houiller au Lias supérieur, que j'ai publiée il y a quelques années.

J'ai pu constater que les Quartzites du Trias inférieur reposent en légère discordance sur les grès houillers. Ils supportent des calcaires gris ou noirs à veines spathiques, identiques aux *calcaires du Briançonnais* de la vallée de l'Ubaye.

Au-dessus viennent des calcaires plus dolomitiques, compactes et gris, dans les parties fraîchement entamées par les travaux de la route, jaunâtres et vacuolaires, transformés par décalcification en véritables cargneules, dans les parties depuis longtemps exposées à l'action des agents atmosphériques. En amont de l'affleurement houiller, ces calcaires dolomitiques, qu'il est impossible de séparer sur la carte des calcaires sous-jacents, sont immédiatement recouverts par les schistes bruns de l'Infralias; en aval, par contre, ils en sont séparés par des schistes argileux rouges et verts, exploités comme ardoises à Barles, toujours moins puissants que dans la Haute-Ubaye et faisant souvent entièrement défaut.

Les calcaires à veines spathiques du Trias moyen affleurent également à Astoin, à Rochebrune, à Bréziers, au Laus, où je les avais partout confondus avec le Lias inférieur, souvent représenté par des calcaires analogues. Les gypses de ces localités, qui semblent résulter de l'épigénisation de ces calcaires, appartiennent par conséquent au Trias moyen et non au Lias inférieur.

Au Laus une masse puissante de gypses englobant des calcaires triasiques bute à l'O. par faille contre des calcaires à gryphées et à bélemnites. Sur la rive gauche de l'Avance, les mêmes gypses, reposant sur des quartzites du Trias inférieur, supportent à l'E. en succession normale les couches de l'Infralias et du Lias inférieur, tandis qu'au N. et au S. de l'affleurement les gypses sont immédiatement recouverts par les schistes noirs du Lias supérieur, évidemment refoulées sur le Trias par deux poussées agissant en sens opposé. Le lambeau triasique du Laus est entouré de trois côtés par des lignes de contact anormal et n'est pas sans présenter une certaine analogie avec les affleurements de Trias au milieu du Malm que M. Choffat a décrits dans le Portugal sous le nom de « vallées tiphoniques ». Il ne paraît pas exister de relation immédiate entre les dislocations qui ont déterminé ce singulier pointement triasique et les accidents principaux de la région.

La région étudiée dans mon mémoire sur « les Chaînes subalpines entre Gap et Digne » appartient en réalité à trois zones tectoniques distinctes: les Chaînes Subalpines proprement dites, le Gapençais et la Haute-Provence.

Les Chaînes Subalpines de l'arrondissement de Sisteron constituent la terminaison des chaînes du Diois; comme dans cette région, l'orientation générale des plis est O.-E. et la disposition des couches en bassins elliptiques, correspondant à des synclinaux, est prédominante. Le roc de l'Escoulier et sa continuation sur la rive gauche de la Durance, la montagne de Chaillans, le cirque de Reynier, ceux de Chardavon, du Goura, de Feissal appartiennent à ce type orographique spécial.

La bordure méridionale du Gapençais est refoulée du N. au S. sur les plus septentrionales des Chaînes Subalpines. Le chevauchement se fait sur une surface plus ou moins inclinée, quelquefois même presque horizontale, dont l'intersection avec la surface du terrain forme une ligne sinueuse passant par le plan de Vitrolle, le Rousset, le Caire, Faucon, Gigors et Bréziers. Tout le long de cette ligne on peut observer le Trias (gypse ou cargneules) ou le Lias inférieur en superposition sur les marnes oxfordiennes, sur le Jurassique supérieur, sur le Néocomien ou sur les grès aquitaniens.

Les deux lambeaux de Gypse que l'on rencontre en amont du Caire, sur chacun des versants du Grand-Vallon, ne sont autre chose que des lambeaux de recouvrement de Trias reposant sur les marnes oxfordiennes et séparés par l'érosion de la nappe principale.

Le pli-faille de la Saulce, que j'ai décrit précédemment, est un accident parallèle au chevauchement qui marque la limite entre le Gapençais et les Chaînes Subalpines. Il se transforme vers le N.-O. en un anticlinal couché de Dogger sans flanc inverse étiré.

La bordure occidentale de la Haute-Provence est également refoulée sur les Chaînes Subalpines et le chevauchement se produit le long d'une ligne de contact anormal amenant entre Astoin et Barles le Trias en superposition sur des couches beaucoup plus récentes. Je l'ai déjà décrite en détail, ainsi que le grand lambeau de recouvrement de Bayons et je n'ai rien à changer à son tracé ; mais, contrairement à ce que j'avais pensé, elle s'arrête à 1 km. au N. d'Astoin, tandis que, d'autre part, elle se continue vers le S. par la faille du Blayeul. Enfin, le pli-faille de Tanaron et la faille qui d'Ainac à Norante, en passant par Digne, met les terrains jurassiques en contact avec le bassin tertiaire de Champtercier, n'est autre chose que la continuation du même grand accident, que je suis porté maintenant à considérer non plus comme une faille d'affaissement, mais comme un pli-faille inverse avec lambeaux de poussée (Crétacé supérieur de Thoard, Jurassique supérieur de Courbons). En effet, au S. de Digne, j'ai pu constater très nettement la présence d'un anticlinal liasique avec noyau triasique, déversé sur les conglomérats miocènes, avec interposition locale de Jurassique supérieur.

Le chevauchement de la bordure externe de la Haute-Provence sur les Chaînes Subalpines doit son origine à une poussée venant du N. E., à laquelle sont dus les plis qui affectent la partie est de la feuille de Digne [1].

Une écaille avec plissements dirigés du N. O. au S. E. se trouve refoulée sur une écaille avec plissements dirigés de l'O. à l'E., de telle sorte que les deux directions se rencontrent brutalement. Mais la poussée qui a donné naissance au pli-faille d'Astoin-Barles-Digne a également eu son contre-coup dans les Chaînes Subalpines elles-mêmes, car leurs plis O.-E., en partie antérieurs aux dépôts aquitaniens, ont été affectés par des chevauchements obliques à leur direction et concentriques au pli-faille qui marque la limite extérieure de la Haute-Provence.

Un premier chevauchement, qui m'avait échappé lors d'une première visite, est celui du Rocher de l'Aigle. La bordure N. E. du bassin de Reynier est relevée en anticlinal et refoulée sur ce bassin. Cet anticlinal couché, dont le noyau est constitué par des marnes oxfordiennes, présente un flanc renversé formé de Malm et de Néocomien laminé, réduit à quelques mètres d'épaisseur et poussé sur les grès aquitaniens.

Le deuxième chevauchement est celui de Saint-Geniez, que j'ai décrit précédemment. Contrairement à ce que j'avais supposé sur ma carte au 1/200.000, le Lias refoulé sur l'Oxfordien ne se continue pas entre St-Véran et Clamensanne. La région située entre la vallée de la Sasse et le Grand-Vallon est des plus disloquées. C'est la terminaison est des Chaînes Subalpines coincée entre le Gapençais, qui a exercé une poussée du N. O. vers le S. E., et le bord de la Haute-Provence, qui est refoulé de l'E. à l'O. Par suite de ces deux poussées agissant en sens contraire ; la chaîne anticlinale de Lias et de Trias allant de Clamensanne à Astoin, avec une direction S.-O.-N. E., a été plissée en éventail et chevauche des deux côtés les dépôts jurassiques moyens.

[1] Anticlinaux de Beaujeu, de Blégiers, d'Auzet, du Bachelard. Le synclinal intermédiaire entre les anticlinaux de Beaujeu et de Blégiers paraît se continuer vers le S. E. par un synclinal couché de Nummulitique, visible au N. de Château-Garnier. La boutonnière aptienne de Thorame correspondrait à l'anticlinal de Blégiers.

Un important synclinal dirigé N.O.-S. E, traverse obliquement Gap S. E. et Digne N. E. Il commence à Savines, passe au Lauzet, puis dans le Laverq. Sa charnière est bien conservée au Mourre-Gros, dans la crête nummulitique qui va des Trois-Evêchés à Colmars (courses de 1888 avec M. Kilian).

ÉTUDES DANS LA SAVOIE, LE DAUPHINÉ, LE BRIANÇONNAIS ET LES BASSES-ALPES

PAR

M. W. KILIAN
Professeur à la Faculté des sciences de Grenoble
Collaborateur principal.

Avec la collaboration de MM. HAUG, collaborateur principal, RÉVIL, pharmacien à Chambéry et PAQUIER, Licencié ès Sciences, LEENHARDT, Professeur à la Faculté de Théologie de Montauban, DAVID-MARTIN, Professeur au Lycée de Gap, et P. LORY, Préparateur de géologie à la Faculté des sciences de Grenoble.

Deux **tournées générales** ont été faites par M. Kilian ; l'une, en compagnie de M. Révil, avait pour but de suivre vers le Nord les brèches nummulitiques des environs de Moutiers. *MM. Kilian et Révil* ont démontré que le Nummulitique [1] est représenté jusque dans le Nord de la Tarentaise, non loin des Chapieux, par une brèche polygénique, siliceuse et micacée, prise pour du Trias par Lory, par M. Zaccagna et par d'autres auteurs. La synclinale éocène des Aiguilles d'Arves se poursuit ainsi d'une façon à peu près continue jusque près de la frontière italienne, par Villarclément, le Cheval-Noir, Moutiers, le Quermoz d'Hautecour et Pierre-Menta. Cette brèche est l'équivalent de la brèche nummulitique de Chatillon près Taninges (Haute-Savoie).

Elle contraste avec une autre brèche, surtout calcaire, qui atteint dans le Briançonnais une grande puissance et dont M. Kilian a établi, il y a quelques années déjà, l'âge liasique (Brèche du Télégraphe). La *brèche du Chablais* présente une *très remarquable analogie* avec cette brèche *liasique* du Briançonnais et occupe la même place dans la série statigraphique ; elle peut lui être identifiée ainsi qu'il ressort des constatations que M. Kilian a eu l'occasion de faire pendant l'excursion de la Société géologique suisse dans le Chablais, sous la direction de MM. Renevier et Lugeon, et renferme, comme la brèche liasique du Galibar en Dauphiné, des intercalations de schistes rouges et violacés.

---

[1] V. *Bull. d'hist. nat. de Savoie*, septembre 1893.

MM. *Kilian et Révil* ont signalé, près de Bourg-St-Maurice (route des Chapieux) une *roche éruptive* en filons dans le Lias. Cette roche est, pour M. Termier, qui l'a examinée au microscope, une variété de diorite anorthosique quartzifère.

Feuilles Gap et Larche. — Ayant consacré spécialement son attention, cette année, aux environs de Guillestre et de Maurin ainsi qu'aux massifs voisins de Font Sancte (3.370 m.) et des Aiguilles de Chambeyron (3.406 m.), *M. Kilian* a constaté que toute cette région est constituée par une série de plis isoclinaux à pendage ouest, souvent transformés en *plis-failles inverses*, mais, somme toute, assez réguliers.

Les assises que fait apparaitre un grand nombre de fois ce plissement intense sont de bas en haut :

1° *Conglomérat* (Anagénetes) permiens à galets de jaspe et argilolithes bigarrées (Chillol).

1b Schistes phylliteux et siliceux verts (Vallon de Marinet).

2° *Quartzites* triasiques. Très puissants (La Blachière, etc.).

3° *Calcaires phylliteux* identiques à ceux de la Vanoise, très développés et dont la partie inférieure est souvent remplacée par des *gypses et cargneules*. Ils contiennent de nombreux rognons de silex cariés. (Font Sancte, S. de Château Queyras, Vallon de Mary).

4° *Calcaires dolomitiques* très puissants, du même type que ceux de la Vanoise, du Thabor et du Briançonnais. Ils renferment des fossiles microscopiques dont l'étude est à faire.

5° *Calcaires gris*, bréchoïdes, représentant peut-être le Jurassique inférieur. — Calcaires noirs à *Ostrea costata*.

6° Calcaire rouge amygdalaire (Marbre de Guillestre) à *Duvalia*, Ammonites et Crinoïdes.

La transgression de ces derniers calcaires sur le Trias est remarquable et il est probable que le Lias fait souvent défaut. Leurs affleurements sont nombreux dans les parties élevées ; ils s'étendent à l'Est (La Mortice, sommet de Panestrel, Aiguilles de Chambeyron) jusqu'à peu de distance de la zone des Schistes lustrés, près de Maurin.

7° Le Flysch s'étend en transgression manifeste jusque dans le Massif de Font-Sancte où il couronne plusieurs sommets.

Feuille St-Jean-de-Maurienne. — *M. Kilian* a exploré en détails les environs de St-Martin-de-Belleville ; il y a constaté un grand développement des argilolithes et des grès, à teintes vives, du système permien, alternant avec des quartzites triasiques (synclinal). Il a constaté en outre que la Montagne du Niélard possède une structure plus compliquée qu'il n'avait semblé jusqu'à présent, au lieu de comprendre un seul synclinal de brèches jurassique et tertiaire, elle en présente deux, séparées par un anticlinal triasique, le même qui, brusquement infléchi vers l'Est, par suite de l'effet de l'érosion sur son plan axial incliné, fait apparaître le Permien et le Houiller près de Villarly. A l'Ouest de Crève-Tête et du Niélard règne un anticlinal, devenant un pli-faille, et faisant affleurer les quartzites sur le versant O de Crève-Tête. Ce pli est la continuation directe de l'Anticlinal du Mont Charvin-Echaillon-Montaimont en Maurienne, tandis que les plis du Niélard-Villarly-Fontaine et de St-Jean-de-Belleville-Villard-Lurin (synclinal) sont la suite manifeste de l'empilement de la Grande-Moenda, qui lui-même peut être suivi au Sud jusqu'en Dauphiné, par Valloire. Tous ces plis traversent l'Isère entre Aigueblanche et Brides, pour se continuer vers le Nord.

Un petit lambeau houill fossilifère a été découvert par MM. *P. Lory et Paquier* dans le noya ‹ anticlinal (étiré, à surface ondulée transversalement) du Mont Charvin près de St-Jean-d'Arves.

Feuilles Grenoble et Vizille. — M. *Kilian* a poursuivi ses tournées de révision ; dans le bassin du Drac, il a constaté, près de Vif, l'existence d'une bande de Jurassique moyen (Dogger), confondue avec le Lias sur la carte. Son attention a également été portée sur les dépôts pleistocènes dont il espère donner une description dans un avenir peu éloigné.

La localité d'Aspres-les-Corps est remarquable par la discordance très nette qui y sépare les Schistes cristallins du terrain houiller et qui, dans la même coupe, se juxtapose à la transgression non moins nette du Trias et du Lias sur le Houiller.

La *continuité* du synclinal houiller d'Entraigues en Valbonnais, figuré en deux tronçons sur la carte a pu être également établie.

M. *Révil* a étudié, sur le bord oriental de la première zone alpine, les vallons de Cellier et des Avanchers (feuilles Saint-Jean-de-Maurienne et Albertville). Il a constaté la continuation vers le Nord, jusque sur les bords de l'Isère, du synclinal bajocien du col de la Madeleine. M. Révil a également délimité les bandes triasiques et houillères plus ou moins étirées qui sont là fréquemment *renversées* et s'enfoncent sous les schistes cristallins de la 1re zone, disposées en éventail.

M. *David Martin* a continué à explorer les formations pléistocènes des vallées de la Durance et du Buech (feuilles Die et le Buis). Il y distingue, outre les dépôts glaciaires (glaciaire *local* et glaciaire *briançonnais*), des alluvions modernes, des cônes de déjections, des tufs et des limons.

Feuille le Buis — M. *Kilian* s'est occupé des dépôts de transport qui, entre

Mison et Sisteron, forment un vaste plateau triangulaire en amont du confluent de la Durance et du Buech. Il y a constaté :

1° Des alluvions *préglaciaires* formant une *haute terrasse* et constitué exclusivement par des galets de la Durance, (505-550 m.) ;

2° Des dépôts glaciaires avec boue, cailloux striés, etc., couronnant cette haute terrasse et limités à sa surface à l'exclusion des terrasses inférieures ;

2 *bis* Alluvions de fonte recouvrant la boue glaciaire et mêlée à des blocs erratiques (Chantereine, 568 m.) ;

3° Trois terrasses postglaciaires (à 505 m.,450 m.,et 445 m).se confondant par places en une seule ;

4° Des alluvions modernes, (de 400 à 415 m).

La haute terrasse (préglaciaire), se retrouve en aval de Sisteron où elle est superbement développée (E. de St-Domnin, sur la rive droite, St-Pui, Brisc, sur la rive gauche), puis s'abaisse et disparaît près de Lurs ; elle est parsemée de blocs erratiques intra-alpins (bloc d'amphibolite à Signavoux près Siteron, etc.).

La terrasse postglaciaire se continue également à Sisteron (gare), et du côté de Peipin.

La révision définitive de la région de Lure a amené M. *Kilian*, à considérer le pli-faille de Lure à l'E. de Valbelle comme incliné, ainsi que le démontre la trace sinueuse de cet accident à l'intersection des vallées.

La partie méridionale de Lure *chevauche* donc très nettement sur la portion septentrionale Ce résultat confirme l'hypothèse d'une poussée sud-nord. émise dès 1888, par M. Kilian.

Feuille le Buis. — M. *Paquier* signale dans la série des terrains qui affleurent dans le quart N.-E., de cette feuille les faits suivants : Les Gypses et Cargneules de Montroud et de Lazer, considérés depuis Lory comme calloviens, sont accompagnés de minéraux assez variés, notamment de Calcite, de Pyrite, d'Oligiste et de Célestine en épais filons.

Au centre du bassin crétacé d'Eygalayes, il a rencontré un lambeau tongrien constitué par un calcaire à *Limnea albigensis*, Noulet, dont la faune sera étudiée ultérieurement. Ce nouvel affleurement est situé bien plus avant dans les chaînes subalpines que ceux du même âge dont l'existence était connue jusqu'à ce jour.

La structure de cette région montre une série de bassins elliptiques, de grand axe orientés E.-O., conformes aux descriptions classiques qui en ont été données. Leur pourtour est constitué par des anticlinaux déjetés vers le Sud, toujours fortement étirés et présentant de nombreuses dislocations (plis-failles, chevauchements).

Feuille St-Jean-de-Maurienne. — Sous le village de Verneil, M. Paquier a rencontré un affleurement de Rhétien fossilifère. Dans des grès calcaires il a rencontré avec *Avicula contorta*. Portl., de nombreux Lamellibranches.

Sur le flanc de la colline de la Table, dans les schistes à rognons calcaires, d'âge bajocien, il a observé la présence de fossiles de la zone à *Ludwigia Murchisonæ*, et de la zone *à Lioceras concavum.*

Vallée de l'Ubaye

Poursuivant leurs observations aux environs de Barcelonnette, MM. *Kilian* et *Haug*, ont constaté :

1° Que le massif de l'Olan (chapeau de Gendarme de la carte) est une *masse de recouvrement*, reposant sur le Flysch et l'Oxfordien. On peut y reconnaître une charnière anticlinale (Trias et Lias) très nette et un synclinal accessoire supérieur). Ce lambeau fait partie du même pli-coucbé que le massif des Siolanes, celui du Caire et le Morgon. La racine de ce pli doit être cherchée au N.-E., dans l'Embrunais ;

2° Le massif du Caire près de Méolans. également charrié, montre deux anticlinaux (Trias-Lias), superposés et couchés sur le Flysch et dont la clarnière est conservée ;

3° De la Bouzoulière à Faucon, s'observe un autre anticlinal couché vers le S. et faisant apparaitre le Trias étiré et le Permien (ravin des Sanières, au-dessus du Flysch) ;

4° Près de l'Hubac de Jausiers. MM. Kilian et Haug ont découvert un affleurement de Trias *sur* le Jurassique représentant également un lambeau de pli couché étiré ;

5° Au col de Famouras, le Lias présente un faciès silicieux à Bélemnites, Entroques, Bivalves (*Gr. arcuata, Gr. cymbium varigigantea* et *Lima*, sp) et Brachio podes (*Spiriferina rostrata. Rynchonella variabilis*, *Zeilleria*. etc.), faciès non encore signalé dans la région. Cet affleurement, ainsi que les quartzites triasiques du Joug de l'Aigle, les gypses et le Malm à *Hibolites*, du col des Olettes, les gypses de Bragous, etc., font partie d'un même *anticlinal étiré*, plongeant vers l'Embrunais et actuellement démantelé par les érosions.

Enfin, le massif du Morgon lui-même appartient à la même série de plis couchés, refoulés du N.-E., sur des plis préexistants. Il est constitué par un vaste synclinal de Trias et de Lias reposant sur les marnes aptiennes, sans interposition d'anticlinal couché, même étiré.

FEUILLE DU BUIS

PAR

M. LEENHARDT
Professeur à la Faculté de Théologie de Montauban
Collaborateur adjoint

1° Identification des gypses dits calloviens de Montrond, Eyguians et Lazer avec la formation métamorphique décrite sous le nom d'Horizon de Suzette. Cette formation occupe une surface assez étendue dans la partie S.-O. de la feuille, où elle affecte la Mollasse helvétienne aussi bien que les marnes calloviennes. Elle fera l'objet d'une étude spéciale.

2° Extension vers le Nord de la couche néocomienne à fossiles tithoniques remaniés, déjà relevée dans les explorations de 1891 aux environs de Montbrun. L'épaisseur de cette couche est variable, elle peut atteindre 4 à 5 mètres ou se réduire à quelques nodules. Elle diffère des couches grumeleuses ou bréchoïdes fréquentes dans la zone de Berrias, par la présence de fragments empâtés de roches et de fossiles tithoniques ; ceux-ci sont presque toujours fragmentaires, parfois bien conservés, le plus souvent usés ou corrodés. Leur ensemble, comme la pâte des fragments de roches, se rapporte surtout au tithonique inférieur. Cette couche occupe une position nette à la limite de C_{V} - C_{VI}, dans les premières alternances de marnes à fossiles ferrugineux qui commencent le régime de la zone à *Am. Roubaudi*. Il convient peut-être de la laisser dans C_{VI} en raison de l'absence, dans les couches marneuses adjacentes, des espèces les plus caractéristiques de C_{V}. Mais de quelque côté qu'on place l'accolade, la présence de ces fossiles n'en est pas moins singulière dans une région où la concordance entre le Jurassique et le Crétacé parait si évidente. Le cadre de ce résumé ne permet pas d'entrer dans les considérations que suggère la statigraphie locale et qui pourraient peut-être fournir une explication de la présence de ces fossiles, sans recourir à un charriage lointain dont ils ne portent pas la trace.

3° Extension de la mer Helvétienne. Le long du synclinal faillé Ventoux-Lure, on rencontre une bande de Mollasse qui est largement représentée dans le petit bassin de Montbrun et dont on retrouve des lambeaux jusqu'au-delà du Barret à 1100 mètres d'altitude. Au Nord de cette ligne elle semblait avoir disparu. Elle y possède cependant un témoin remarquable dans le synclinal qui, écrasé et faillé dans sa partie occidentale, s'étale vers Gresse pour former le bassin Cénomanien de Mévouillon et ne se fermer avec le Jurassique que dans la gorge de la Méouge. C'est en effet la Mollasse calcaire à *Pecten praescabriusculus* qui forme le grand abrupt rocheux placé au travers de la vallée à Mévouillon Elle repose en discordance sur les grès cénomaniens sans l'intermédiaire ordinaire des marnes lacustres qui occupent l'extrémité Est de ce même synclinal cénomanien vers Eygalayes, où elles sont l'objet des études de M. Paquier. La discordance entre ces deux termes du Tertiaire de la région, indiquée partout, est ici particulièrement évidente puisqu'elle entraîne leur séparation toute exceptionnelle.

4° Existence dans ce bassin des grès à *Am. Mayori*. Du Néocomien au Cénomanien la sédimentation ne présente aucune interruption. Le Gault doit être cherché dans les marnes noires légèrement gréseuses qui forment, avec les marnes noires aptiennes, un tout inséparable, à la partie supérieure duquel s'intercalent des bancs de grès marneux à *Am. Mayori*. Les grès et les sables, qui, dans le bassin voisin d'Eygalier, supportent ces grès à *Am. Mayori* et représentent la zone à fossiles du Gault de Clansaye et d'Apt, font ici défaut. Dans le bassin de Montauban et de Ste-Jalle, on ne trouve plus qu'un développement considérable de marnes peu fossilifères, avec une faune assez particulière dans le dernier et qui conduira probablement jusqu'au Gault.

5° Comme accidents stratigraphiques on peut relever :

a Le synclinal en boucle renversée de la Rochette.

b Les renversements du Jurassique et du Néocomien fréquents le long des arêtes formées par des anticlinaux ouverts dont la retombée se renverse sur le synclinal adjacent. Sans atteindre les proportions qu'il a dans la montagne du Buc, ce phénomène se retrouve à divers degrés sur un grand nombre de points : Montagnes des Tunes, d'Astouraye, de la Clavelière et son prolongement Ouest, etc.

c Curieuse disparition d'une retombée de voûte néocomienne dans les marnes oxfordiennes à Giffort, expliquant peut-être la présence du lambeau de Néocomien isolé au milieu des marnes oxfordiennes à Izon (M. Paquier).

d La pénétration des calcaires marneux de J^3 dans le Néocomien moyen près de Verdun, donnant ainsi lieu à une faille en voûte.

e Le singulier accident de la montagne d'Autuche qui fait apparaitre une étroite bande de marnes oxfordiennes, de chaque côté de laquelle viennent butter en série inverse tous les étages représentés dans la région, jusqu'à la Mollasse helvétienne, à peu près complète, tombée dans une fosse au milieu des terrains secondaires. Cet accident est en rapport avec le grand développement de cargneules (Horizon de Suzette) dont il a été question plus haut.

f L'évidence locale du double rapport inverse entre les allures des accidents stratigraphiques, fonction de l'épaisseur et de la nature des sédiments, et les variations d'épaisseur des masses affleurantes, fonction de la dynamique.

g Enfin la présence vers le milieu de la feuille de deux grands synclinaux jurassiques, complexes et faillés dans leur partie Ouest, largement étalés dans leur partie Est. Le premier convexe vers le Nord qui va de la montagne d'Autuche à celle de Chamouse ; le second, convexe vers le Sud, qui se greffe sur le premier au Sud de Ste-Euphémie et se termine vers St-Pierre d'Avez.

ÉTUDE DU DEVOLUY, DES ENVIRONS D'ALLEVARD ET DU VAL D'ISÈRE

PAR

M. Pierre LORY
Préparateur à la Faculté des sciences de Grenoble,
Collaborateur auxiliaire.

I. — Massif du Dévoluy.

Au point de vue tectonique, deux régions sont à distinguer dans ce massif : l'occidentale (Beauchêne, Lus, chaîne du Ferrand) appartient aux *chaînes subalpines* et plusieurs plis du Diois s'y prolongent ; elle présente à l'est un grand synclinal qui traverse tout le Dévoluy, de Montmaur à la Haute Brèche de Saint-Disdier. L'orientale se rattache à la *zone alpine marginate* : elle a été poussée sur la précédente, sous forme d'un anticlinal jurassique couché, que l'on suit du Petit Buech à la Cluse et qui a pour prolongement probable vers Agnières et Saint-Disdier un pli-faille peu net dans le Flysch. Cette région a fait partie, postérieurement au Flysch, de la même zone de plissements que les environs de Saint-Bonnet ; sur le bord oriental de cette zone a été refoulée une nouvelle *écaille* (anticlinal couché de Soleil-Bœuf) [1].

Les faciès *subrécifaux* prédominent dans le Néocomien supérieur de Lus-la-Croix-Haute et se montrent associés au faciès détritique jusque dans les couches qui recouvrent les marnes aptiennes.

Les calcaires à Nummulites (*Eocène supérieur*), qui présentent à la base des conglomérats à *Ostrea gigantea* Brand, ravinant le crétacé supérieur, s'étendent dans la direction S.O., en prenant un faciès de plus en plus littoral, jusque vers le col du Festre. Au-dessus viennent : 1° à l'E. du pli-faille, des calcaires marneux, à Térébratules et Bryozoaires à la base, petits bivalves et huitres du groupe de *O. Brongnarti* au sommet ; puis des marnes noires à débris de poissons (2) ; enfin le *Flysch* typique. 2° A l'O., des grès verdâtres à empreintes végétales, recouvertes par la *Mollasse rouge*, dont on voit, dans le ravin des Gicons, le sommet passer au Flysch. Comme d'autre part la Mollasse rouge, dans la vallée de la Béoux, passe supérieurement à la *Nagelfluhe* à cailloux exotiques,

[1] Voir *Ch. Lory, Descr. du Dauphiné.*

[2] Ce sont les assises signalées par M. *D. Martin* (*Rapp. Musée de Gap, 1893*).

que l'on s'accorde à regarder comme *miocène*, il faudrait conclure qu'*en Dévoluy la formation du Flysch a continué au moins jusqu'à la fin de l'Oligocène.*

Au S. du Festre on trouve encore sous la Mollasse rouge les grès verdâtres ; ils recouvrent un ensemble de brèches calcaires et de couches marno-sableuses généralement lie-de-vin contenant des *Helix.*[1] Ces assises dans lesquelles on reconnaît une espèce aquitanienne, *H. Moroquesi*, Brongn[2] sont identiques à celles qui constituent en grande partie le *Tertiaire de Lus*, que l'on suit d'ailleurs vers le S.E. jusque au Col des Esclas, à 5 km de la Cluse.

II. — Feuille de Saint-Jean-de-Maurienne (Allevard).

Sur la bordure occidentale du Massif d'Allevard, M. P. Lory a, pour la première fois, signalé :

Un épanchement de *Spilite*, dans le Trias au-dessus du col de Bariot ; — l'intercalation de la *Brèche* d'Allevard, assimilée par M. Kilian à une partie de la Brèche du Télégraphe, dans des calcaires et schistes liés par la base aux Cargneules et qui doivent représenter l'Infra lias ; — la présence de *Am. margaritatus* Montf, à la base du Lias schisteux absolument comme dans le Gapençais. — Au point de vue tectonique, il a constaté que le faisceau de *plis marginaux* très étirés, déversé vers le bord subalpin, dont les prairies du Merdaret fournissent d'excellentes coupes, pouvait être suivi sans interruption de la vallée du Bréda jusque dans la chaîne de Belledonne proprement dite.

III. — Feuilles Tignes et Bonneval

Dans quelques excursions faites en Haute Tarentaise sous la direction de M. Marcel Bertrand, M. Lory a vu nettement, dans les crêtes de la Traversière, les *Schistes lustrés* de la Sassière reposer sur des Marbres phylliteux triasiques, recouvrant eux-mêmes un ensemble de grès métamorphiques et de quartzites à Séricite qu'il est naturel de rapporter au Permo-Carbonifère. Cette observation tend, comme celles de M. Bertrand, à établir *l'âge triasique des Schistes lustrés de la Sassière.* Au S.E. de la Traversière (Crêtes de la Goletta) certaines bandes de Schistes lustrés paraissent même être simplement intercalées dans les calcaires triasiques et passer latéralement à eux.

Dans un autre massif de Schistes lustrés, au Pelaou-Blanc, il y a à signaler les allures d'une *Serpentine*, qui coupe obliquement les couches des schistes, tandis qu'elle s'est épanchée en nappe entre ceux-ci et les calcaires triasiques.

---

[1] Signalées par M. D. Martin (*loc. cit.*).
[2] Détermination faite sous la direction de M. Depéret.

CHAINE DE BELLEDONNE

PAR

M. A. OFFERT
Chargé de cours à la Faculté des Sciences de Lyon,
Collaborateur adjoint.

INTRODUCTION

Dans le courant de l'année 1893, j'ai fait un certain nombre de courses dans la partie de la feuille d'Albertville comprise entre l'Arc et l'Isère d'une part, le vallon de Celliers et la limite Sud de la feuille d'Albertville d'autre part.

La ligne N.E.-S.O. qui passe par le col de Basmont et les deux vallées du Bayet et de Monsapey partage cette région en deux parties à peu près égales. Dans la partie Nord je n'ai fait encore que quelques courses d'ensemble et mes résultats sont encore trop incomplets pour que je juge utile de les donner. Dans la partie Sud, au contraire, mes études, bien qu'encore imparfaites, sont plus complètes; elles me permettent de donner une description sommaire de cette région.

On peut la définir en quelques mots en disant *qu'elle est le prolongement vers le Sud de la chaîne des Aiguilles Rouges et du Prarion* décrits par M. Michel Lévy.

On sait que les travaux de M. E. Ritter ont établi le prolongement du Prarion jusqu'à l'Isère. La région que j'ai étudiée est la suite naturelle de celle qu'a étudiée M. Ritter ; elle renferme comme celle-ci, en allant du Sud au Nord, le synclinal renversé du col de Voza, l'anticlinal Est du Prarion, le pli faille du Prarion ouvert en synclinal, l'anticlinal Ouest du Prarion.

Synclinal du col de Voza

Je rappellerai d'abord que les travaux de MM. Ritter et Revil ont montré que ce synclinal renversé se prolonge jusqu'à la rive droite de l'Isère par la bande houillère de Petit-Cœur.

Nous avons pu, M. Revil et moi, prolonger ce synclinal sur la rive gauche de l'Isère et nous avons étudié en commun sa bordure houillère. Celle-ci, après avoir traversé l'Isère reste cantonnée sur la rive droite du ravin de Celliers ; elle traverse obliquement la crête de la montagne qui constitue la rive gauche du ravin de Celliers puis, s'enfonçant en profondeur sous le lias, elle se rapproche du ruisseau et finit par disparaitre à la hauteur du Creuset en face de Chezalet. A partir de ce point on peut considérer la bande houillère comme perdue en profondeur sous le manteau liasique et triasique qui recouvre l'anticlinal voisin dont je vais maintenant m'occuper.

Je signalerai la présence dans cette bande houillère de deux petites mines de charbon jadis exploitées et maintenant abandonnées. L'une est située au-dessus du Cudrey, l'autre est en face de Villard-Benoit un peu en contrebas du sentier.

A signaler également l'existence de deux filons métallifères l'un en face de Villard-Benoit un peu au-dessus de la petite mine de charbon signalée plus haut, l'autre au Creuset même.

Anticlinal Est du Prarion

Les travaux de M. Ritter ont montré que cet anticlinal atteint la rive droite de l'Isère entre N.-D. de Briançon et la Planche.

Les miens établissent l'existence de l'autre côté de l'Isère du prolongement de cet anticlinal. Constitué presqu'exclusivement par des schistes précambriens (x) il forme les deux rives du ravin de Celliers. Dans le haut de ce ravin, l'anticlinal s'abaisse en profondeur et les roches anciennes apparaissent pour la dernière fois, à côté du pont de la Thuile, sous forme de schistes précambriens granulitisés. Le reste du ravin est creusé dans un manteau liasique et triasique qui recouvre l'anticlinal perdu en profondeur. Je rapprocherai ce manteau des témoins triasiques signalés par M. Ritter qui recouvrent à 2600 m. d'altitude les sommets du Grand Rognoux et du Grand-Mont. Je signalerai également la présence au cœur de cet anticlinal d'un dyke cristallin de granulite qui apparait sur les deux rives de l'Isère. Sur la rive droite il affleure au-dessus de l'entrée du tunnel du chemin de fer. Sur la rive gauche de l'Isère on le voit affleurer sur la rive droite du ravin de Celliers à côté de l'Eglise de N.-D. de Briançon. La zone d'injection de ce petit massif de granulite est extrêmement restreinte.

Pli-faille du Prarion

Le pli-faille du Prarion, d'après M. Ritter, s'ouvre en synclinal sur la feuille d'Albertville et se poursuit jusqu'à l'Isère.

Une course commune nous a permis, à M. Ritter et à moi, de retrouver le passage de ce synclinal, à l'état de grès houiller, aux Charvet et à Chaven tout près de la rive droite de l'Isère.

C'est également à l'état de houiller que j'ai retrouvé ce synclinal sur la rive gauche de l'Isère. La bande houillère reparait sur cette rive à 5 minutes au Sud de la Rochette, puis, presque sans interruption, elle se dirige vers Pussy qu'elle traverse, elle passe ensuite, à la Frasse où se trouve une petite ardoisière exploitée par les habitants de Pussy, à la Freydaz, elle laisse à l'Est le Chezalet, la Thuille, la Chapelle, Celliers, elle reparait au Sud de Celliers dans les combes de la Valette et dans la combe des Plans, puis elle finit par disparaître au-dessous du col de la Madeleine (feuille de St-Jean-de-Maurienne) où le lias vient buter directement contre le cristallin.

Pendant ce long parcours, ce synclinal reste presque constamment vertical, s'inclinant légèrement tantôt à droite tantôt à gauche. A partir du Chezalet il adopte le plongement vers l'Ouest et s'enfonce sous les roches cristallophylliennes de l'anticlinal suivant.

Je signalerai la présence dans les ardoises houillères situées à l'Ouest du Chezalet d'empreintes indéterminables mais présentant l'aspect nacré de celles de Petit-Cœur.

Anticlinal Ouest du Prarion

L'anticlinal Ouest du Prarion, d'après M. E. Ritter, se prolonge jusqu'à l'Isère où il aboutit entre la Planche et Langon. Cet anticlinal est même dédoublé et il renferme en particulier près de l'Isère, au-dessus de Cevins, un petit synclinal liasique et triasique dont, M. Ritter et moi, nous avons pu établir en commun la situation.

Cet anticlinal dédoublé traverse l'Isère, mais, contrairement à ce qui se passe sur la rive droite de l'Isère, c'est l'anticlinal inférieur qui est le plus développé et l'anticlinal supérieur qui est le plus écrasé. Le dédoublement est indiqué par l'existence à côté des Teppes d'un petit synclinal liasique prolongement de celui de Cevins. Malgré mes efforts il ne m'a pas été possible jusqu'ici de retrouver plus au Sud un autre jalon de ce dédoublement. L'anticlinal est formé presqu'exclusivement par du ($x\gamma^1$). Il renferme presqu'en son centre une bande d'amphibolites feldspathisées à peu près parallèle au synclinal houiller précédemment décrit. Il convient de rapprocher cette bande d'amphibolites des amphibolites de la Cascade du Dard et de Benetan.

Enfin je signalerai également dans cet anticlinal, deux petits filons de granulite situées l'un au-dessus du lac des Plans et l'autre à côté de l'endroit appelé les Montagnes. Enfin le flanc Ouest du Mont Bellachat est constitué par un magnifique dyke de granite à amphibole dont les blocs énormes encombrent les ruisseaux des environs de Pussy. Il y a lieu de rapprocher ce dyke éruptif, des deux dykes également éruptifs d'Outray et du Bersend situés près de Beaufort dans ce même anticlinal Ouest du Prarion.

Synclinal du col Joly

Ce synclinal vient aboutir près de l'Isère à Langon ; il est alors à l'état de houiller ; nous avons pu le constater ensemble, M. Ritter et moi.

Ce synclinal traverse l'Isère un peu au Nord de l'embouchure du Bayet et, toujours à l'état de houiller, il se dirige à peu près dans la direction du Mont Bellachat, sur le flanc Est duquel on peut constater son passage.

Au col de Basmont et dans les environs de ce col, il est flanqué d'un massif assez considérable de lias dans lequel on a jadis ouvert une petite carrière d'ardoises maintenant abandonnée. Cette carrière est située au S.S.E. de la Savoye sur la rive droite du Bayet.

Je pense pouvoir rattacher à ce synclinal le synclinal également houiller dont j'ai constaté le passage derrière Argentine, mais mes études encore incomplètes dans cette région ne me permettent pas de l'affirmer.

A ce dernier synclinal appartiennent également des schistes talqueux renfermant des filons de talc dont on retrouve de nombreux passages derrière Argentine d'une part puis plus au Sud sur la feuille de St-Jean-de-Maurienne au Pontet, entre Remy et St-Léger, au Roc de Fremezan, à Combe-Rousse et dans la combe du Tepey auprès de St-Colomban-des-Villards.

Je me propose de compléter ces études dans le courant de 1894.

LA PREMIÈRE ZONE ALPINE DANS LA PARTIE NORD-EST DE LA FEUILLE D'ALBERTVILLE

PAR

M. Étienne RITTER
Collaborateur auxiliaire

Les plis étudiés au Prarion par M. Michel Lévy se poursuivent au S. jusqu'à l'Isère de la manière suivante :

1° Le synclinal du col Voza, qui avait disparu par laminage au N. des Contamines reparait près de Nant-Borrant et se continue sur le flanc N. puis W. de la chaîne de la Roselette, où il est représenté par des calcaires liasiques ; son jambage normal affleure comme cargneule dans les vallons de la Gitte et de Roseland, tandis que le cœur du pli, liasique et jurassique forme les escarpements de Rocher Merles, Rocher du Vent et Roc Riolley.

Aiguille de Roselette 2390m

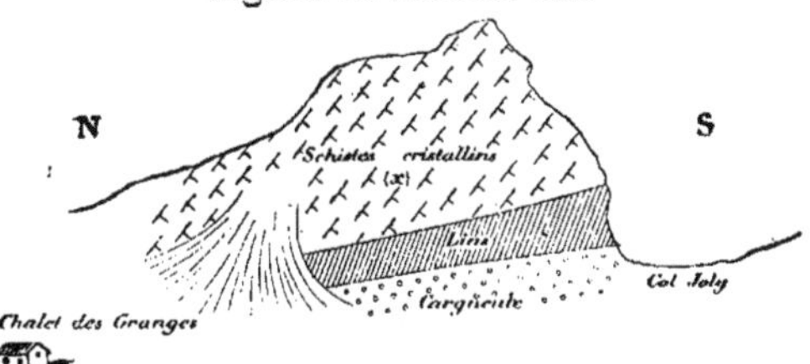

Au mont Acrais le synclinal s'avance à l'W. et recouvre le prolongement au S. de l'anticlinal de la pointe de Méraillet. Ce fait s'explique par la présence des deux môles granitiques et rigides du Bersend et d'Outray ; lors de la poussée alpine, les terrains mézozoïques des Acrais, ne pouvant pas repousser les culots éruptifs placés devant eux, ont chevauché sur les roches anciennes qu'on voit affleurer dans la vallée de Poncellamont.

Le synclinal se poursuit au S. au col de la Louze, au Roc Marchand, à Darbelay et à Petit Cœur où M. Révil et moi l'avons suivi, entre ces deux dernières localités, et est accompagné d'un anticlinal secondaire.

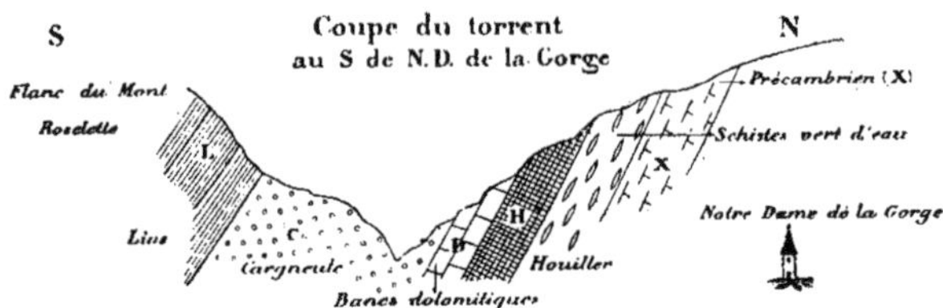

2o L'anticlinal E. du Prarion reparait à Beaulieu et se prolonge jusqu'à Notre-Dame-de-la-Gorge et la Jat comme schistes cristallins. Plus au S. il disparait sous la cargneule du col Joly et émerge de celle-ci, sur l'autre versant du col, à l'W. des Péchettes.

En ce point il se subdivise en deux anticlinaux secondaires ; l'un à l'W, peu important, formé par des grès et des poudingues houillers, disparait définitivement au S. du Cormet de Roselend, l'autre constitue les massifs des Enclaves et de Pointe de Méraillet. Il débute par des grès houillers ; ceux-ci font vite place à des schistes du même terrain, qui vers le Sud deviennent de plus en plus cristallins et passent graduellement au type des schistes précambriens (X). Au sommet des Enclaves comme au Prarion, l'on retrouve un manteau triasique qui repose avec une discordance de 60° à 90°, sur les schistes cristallins et houillers redressés.

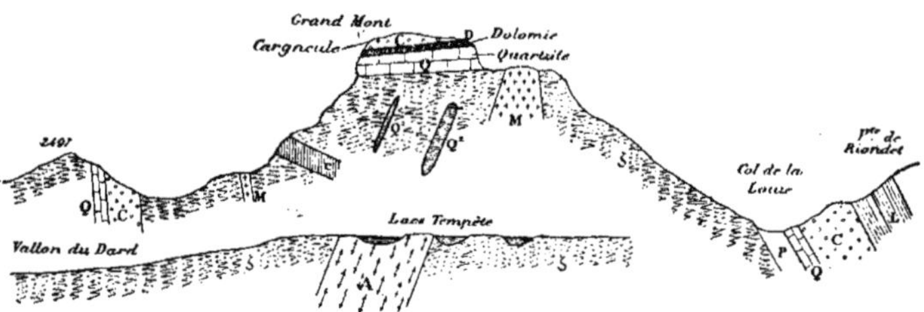

Au S. de Pointe de Méraillet, le synclinal de Roche Parstire recouvre l'anticlinal qui réapparait dans la vallée de Poncellamont et forme au S. les sommets du Grand-Rognoux et du Grand-Mont, couronnés tous deux de manteaux triasiques ; il est curieux de voir à 2.698 m. d'altitude le trias reposer horizontalement et en discordance complète sur les schistes cristallins redressés.

Au sommet du Grand-Mont. les schistes sont percés par un dyke de microgranulite.

Au S. dans le vallon des lacs Tempête on trouve un gisement d'amphibolites et d'éclogites, rappelant même par sa position topographique, celui du lac Cornu dont il semble être la suite naturelle. Le pli atteint l'Isère entre Notre-Dame-de-Briançon et la Planche.

3° Le pli-faille du Prarion, s'ouvre en synclinal entre Colomba et la Jat ; il forme le mont de l'Ugie au sommet du col Joly : sur l'autre versant du col il se

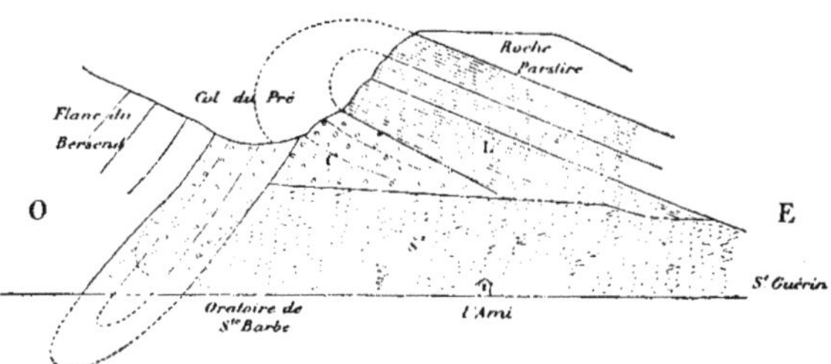

poursuit au travers du lac de la Girotte, dans le ravin du Célestat, au col du Pré, dans le ravin des Combettes jusqu'au vallon du Dard où les terrains mézozoïques cessent d'affleurer ; une mince bande de calcaires liasiques jalonne son passage au pied du Pic de Chamborcier coté 2510 m. : il se montre de nouveau à Chaven où M. Offret et moi l'avons retrouvé comme grès houillers et se continue de là jusqu'à La Planche au bord de l'Isère.

4° L'anticlinal W. du Prarion apparaît. comme schistes houillers noirs près de la Jat dans le lit du torrent qui descend du col Joly : c'est comme houiller également qu'il affleure sur l'autre versant du col, au S. des Péchettes où se trouve le célèbre gisement fossilifère de Colombe en Empulent ; au S. de ce point le pli se subdivise en deux anticlinaux qui correspondent, comme nous l'a fait remarquer M. Michel Lévy aux plis monoclinaux du Prarion ; l'anticlinal reste dédoublé depuis là jusqu'au bord de l'Isère.

De ces deux anticlinaux, le plus important situé à l'E. est percé par les dykes granitiques du Bersend et d'Outray, qui sont probablement deux môles anticlinaux distincts, tandis que l'autre, très écrasé, forme le pied de ces deux montagnes ; ils sont séparés par un synclinal où affleurent le trias et le lias.

Ces deux anticlinaux parallèles se poursuivent au S. d'une manière très régulière jusqu'à l'Isère. où le plus oriental est illustré par un culot de protogine de rebrassement qui a profondément injecté les schistes encaissants.

A la cascade de Benetan l'on rencontre, au cœur des deux anticlinaux probablement, deux traînées de schistes amphiboliques.

5° De dessous le synclinal à peine indiqué du Mont Joly et de la chaîne des Aiguilles sort un synclinal profond, qui, à partir d'Annuit, suit le cours du Dorinet. tandis qu'à l'W. et au S. deux anticlinaux anciens qui émergent également de dessous le synclinal du mont Joly constituent les massifs de Bisanne et du Mirantin.

Sur le flanc du Bersend le synclinal est représenté en partie, par la brèche du Télégraphe, liasique, qu'on retrouve ainsi très loin au N.; plus au S. le synclinal élargi forme la base du Mirantin, entre les Chesaux et Planvillars; il se continue au S. par le col de la Bâtie et Benetan et vient se terminer près de l'Isère à Langon.

LES GRANDES ROUSSES

PAR

M. P. TERMIER
Ingénieur des Mines
Attaché au Service central

Voir le Bulletin n° 40 qui est sous presse.

CHABLAIS

LA BRÈCHE DU CHABLAIS

PAR

M. LUGEON
Assistant de géologie à l'Université de Lausanne,
Collaborateur auxiliaire

Des recherches actives nous ont permis de terminer complètement nos tracés. Nous avons pu vérifier l'idée que nous avions déjà l'année dernière, savoir que tout le massif de la brèche de Chablais de 30 kilomètres de long, sur 14, dans sa plus grande largeur, *repose partout*, par contact anormal, sur les régions voisines, au N.-W. sur les Préalpes extérieures, au S.-E. sur les Hautes-Alpes calcaires (faciès faucignien). Tout autour de la région on trouve de nombreux lambeaux de recouvrement, plus ou moins éloignés de la région mère. Quelques-uns sont placés à des distances de 3 et 4 kilomètres. Les dislocations sont parfois très compliquées sur le bord de la région, surtout dans la partie comprise entre St-Jean d'Aulph et Abondance, où le contact anormal s'enfonce en coin dans la masse du flysch de la partie recouverte. Ailleurs, par contre, le contact anormal est simple ; le trias repose tantôt sur le flysch, tantôt sur le crétacique supérieur. Il en est ainsi de Chalune à Taninge, où un lambeau de carbonique s'interpose entre le trias et le crétacique, puis de Taninge au Col de Coux (Val d'Illiez) et de là à Tréveneusaz (Vallée du Rhône). Là c'est la brèche liasique et jurassique qui repose elle-même sur les terrains recouverts. La complication devient extrême. Trévenensaz repose par contact anormal sur la mollasse rouge, puis sur ce paquet (à faciès indépendants de ceux de la région de la brèche), vient se coucher le système de la brèche de Chablais. L'étude de cette partie permet de constater que des plissements se sont fait sentir entre le flysch et la mollasse rouge. Puis on remarque la singularité suivante : le mouvement supérieur (celui de la brèche de Chablais) a dû s'effectuer après les dépôts du flysch, tandis que le paquet de

Trévenensaz, immédiatement *dessous*, s'est couché à l'époque de la mollasse rouge. Au milieu du flysch recouvert par la mollasse rouge se développent deux beaux plis à faciès des Hautes-Alpes. Un peu au nord, l'accident se complique encore par un pli-faille très intense (Vionnaz) appartenant au paquet intermédiaire de Trévenensaz. La partie située au N. de Praz de Lys, présente aussi de nombreuses complications.

Le petit massif de Culet et de Savonnaz (Val d'Illiez), placé entre la région des Hautes-Alpes et celle de la brèche de Chablais est indépendant de l'une comme de l'autre. Les faciès rappellent ceux des Préalpes extérieures. Il était recouvert anciennement par le massif de la brèche comme l'indique un recouvrement de trias sur Savonnaz.

Nos subdivisions établies dans le complexe brèchifère se sont maintenues dans toute la région. Dans la Pointe de Grange, sur 4 kilomètres, le crétacique repose normalement en synclinal, accompagné d'éocène, sur la brèche supérieure. C'est cette superposition qui fit considérer, à M. Renevier, la brèche comme d'âge jurassique, opinion à laquelle maintenant se rangent tous les géologues qui s'occupent de la zone de Chablais. Nous avons découvert trois gisements fossilifères dans la brèche, les fossiles sont presque indéterminables. Nous avons constaté le Permien en deux endroits : le Chaux (Val d'Illiez) et à la Lesse d'Amont (St Jean d'Aulph). Cette dernière constatation avec M. Renevier. Nous connaissons des gyroporelles (Diplopores) dans le trias de Trévenensaz. Nous avons en plus trouvé deux nouveaux pointements cristallins, l'un, au-dessus des Chalets de Farquet (massif de la Haute-Pointe) et constitué par une Kersantite, d'après la détermination de M. Michel-Lévy ; l'autre, à Mont-Cally (Pointe du Chery) est une porphyrite. Un pointement signalé par M. Tavernier présente nettement la disposition en lames. C'est une vraie plaque de protogine de 10 mètres d'épaisseur sur 80 mètres de longueur visible. Ce pointement est situé dans le bois de Lanches près des Gêts.

ÉTUDE SUR LES PRÉALPES DU CHABLAIS

PAR

M. RENEVIER

Professeur à l'Université de Lausanne,
Collaborateur adjoint.

Chaînes des Préalpes extérieures.

A l'est de la Région mollassique surgissent des chaînes plus élevées, à courbure très caractéristique et formées essentiellement de terrains secondaires. Ces chaînes sont constituées par une série de plis anticlinaux et synclinaux, no maux ou plus ou moins déjetés, parfois très aigus, qui tantôt s'anastomosent entre eux, tantôt se continuent parallèlement sur une grande longueur. Comme on pourra en juger par les profils et par la carte, c'est ici que les dispositions sont les plus variées et les zones les plus multipliées. Aussi suis-je obligé de subdiviser cette région complexe en 3 bandes concentriques, ayant chacune ses caractères propres. Je les désigne par le terrain qui en forme principalement l'ossature.

1. Zone du Lias.
2. Zone du Malm.
3. Zone du Flysch.

1. Zone du Lias.

Cette première zone est séparée de la Région mollassique par une faille oblique, dirigée à peu près N.-S., et observée sur une quinzaine de kilomètres au moins, le long desquels la Cornieule triasique se trouve habituellement en contact avec le Flysch. Vers le S. la faille se traduit en un vaste chevauchement, par suite duquel d'importantes collines de Cornieule se superposent au Flysch (La Tremplaz près Bogève, Les Aulx sur Viuz). La présence de Lias sur la Cornieule montre que ces lambeaux ne sont point renversés mais refoulés sur le Flysch. Le long du ruisseau des Crêts, au N. de Viuz, on voit, sur la rive gauche, une falaise abrupte de Cornieule tandis que la rive droite abaissée est formée d'erratique, recouvrant le Flysch.

La zone liasique commence, à proprement parler, au bord du lac Léman, à Meillerie, et c'est de là que, grâce aux carrières, nous en avons les plus nombreux fossiles, constatant les étages suivants : Rhétien, Hettangien, Sinémurien, Toarcien, Opalinien, Bajocien.

Mais cette zone est recouverte par l'énorme nappe d'alluvions glaciaires, qui forme le plateau de St-Paul et Vinzier. Elle ne réapparaît que dans les gorges de la Drance. Elle est jalonnée toutefois, aux environs de Vinzier, par trois affleurements de Cornieule alignés, qui pointent au travers de l'erratique.

Au S. de la Drance, la zone du Lias comprend les Monts de l'Armône, du Forchet, de Coux, de Targaillan, de Tarramont, etc. ; puis elle disparaît de nouveau sous l'erratique de la Vallée des Habères, pour ne plus se présenter que par lambeaux isolés, aux environs de Villard et de Viuz.

Dans le tronçon médian, où elle est le mieux développée, la zone liasique ne présente que 3 anticlinaux : celui d'Armoy-Col-de-Coux, celui de l'Epine-Armône-Forchet, et enfin celui de Bioge-Tarramon. Ces anticlinaux offrent, sur divers points, du Rhétien fossilifère; ils sont fréquemment rompus jusqu'au Trias, parfois jusqu'au Gypse (Armoy, Epine, Bioge, Coux) ; mais c'est la Cornieule qui en est le principal noyau. La charpente des plis est formée de Lias calcaire. Enfin les flancs et les synclinaux consistent en schistes toarciens (gisement fossilifère des Moises), Opaliniens (gisements de Meillerie, de Vailly) et bajociens.

2. Zone du Malm

Cette seconde zone est beaucoup plus allongée et plus importante. Elle commence déjà dans le Bas-Valais, entre Bouveret et Vionnaz, atteint sa largeur maximum dans la vallée d'Abondance, entre Chevenoz et Abondance, et va se rétrécissant dans les vallées du Biot et de Bellevaux.

Les plis de cette première section de la zone sont habituellement déjetés au N.W ; ils ont, en général, passablement d'amplitude et de continuité. Leur charpente est formée par le calcaire blanc du Malm, occasionnellement grumeleux et rougeâtre, qui donne le cachet principal à la contrée, et forme en particulier les beaux massif des Cornettes, Oche, Ouzon, Billat, Nifflon, etc. Aux carrières de La Vernaz et à Bellevaux, il a fourni quelques fossiles mal conservés, Belemnites et Ammonites. Un des niveaux les plus fossilifères de la contrée est le Dogger à *Mytilus*, calcaire noir, souvent schistoïde, à faune littorale, qui se rencontre immédiatement à la base du Malm, à Darbon, aux Cornettes, au Mont-Chauffé, etc. (Voir les travaux de MM. De Loriol, Schardt et Gilliéron).

Les anticlinaux sont souvent rompus jusqu'à la Cornieule, presque jamais jusqu'au Gypse. Le Lias y est habituellement spathoïde (Lumachelle à Crinoïdes). Le Toarcien ne peut pas se distinguer du Dogger, qui est plus ou moins schisteux, assez étendu, et montre sur divers points des *Zoophycos*. Suivant les places on peut constater, dans cette première moitié de la zone, de 2 à 5 anticlinaux, dont les principaux sont : celui d'Oche-Taverolle-Forclaz, et celui, plus profondément rompu, de Lovenet-Antau-Vacheresse-Nicodez, qui dans la première partie de son parcours se traduit en pli-faille très chevauché.

Les synclinaux sont beaucoup mieux accusés que dans la zone liasique, et occupés par des terrains beaucoup plus récents, ce qui indique une émersion plus tardive. On y constate les horizons suivants :

Le Néocomien, beaucoup plus calcaire que celui des Voirons et très rarement fossilifère ; il est surtout distinct dans les chaînes extérieures.

Le Crétacique supérieur, calcareo-marneux, assez variable d'aspect, mais caractérisé par ses Foraminifères. Il est plutôt grisâtre à sa partie inférieure, où il passe insensiblement au Néocomien. Plus haut, il est ordinairement panaché, rouge et vert. Parfois c'est un calcaire blanc, qu'on confondrait facilement avec le Malm, n'étaient les Foraminifères. On y a trouvé une grande dent de Squale et quelques Inocérames.

Enfin le Flysch, schisto-arénacé, avec Fucoïdes et Helminthoïdes, qui occupe parfois le centre des synclinaux, et se reconnaît facilement à ses plaquettes de grès, empiriquement aussi au sol marécageux.

Au sud de Bellevaux, la zone du Malm devient beaucoup plus irrégulière. Elle se bifurque, et chacune des deux branches dévie plus ou moins promptement au S.E., comprenant entre elles les vallées de Megevette, d'Onion, etc. Les plis, formés des mêmes terrains qu'au nord, deviennent beaucoup plus accentués, comprimés, morcelés, et présentent de nombreux accidents, plis-failles, renversements, etc.

La branche W. comprend les massifs d'Hirmente, de Miribel, des Braffes, formés chacun d'un faisceau de plis aigus, en éventail, avec déjet divergeant sur les deux flancs. Puis, déviant de plus en plus à E., et déversant de plus en plus au S., elle forme le flanc E. du Môle et les chaînons avoisinants, traversés par les gorges du Giffre. Cette branche finit au bord de la vallée de l'Arve aux environs de Marignier.

La branche E plonge sous la zone du Flysch, puis reparaît à l'est de celle-ci, dans le massif si compliqué de Haute-Pointe. Celui-ci se rétrécit de plus en plus au S.. au contact de la Brèche, qui l'envahit par chevauchement. Sur Matringe, dans la vallée du Giffre, un pli-faille, dont le plan parfaitement visible plonge 65° N.E., met en contact immédiat le Malm renversé avec le Trias normal (Gypse, Cornieule, Marnes rouges), recouvert par le Rhétien fossilifère et le Lias. Un peu plus loin cette branche, toujours plus amincie, traverse le Giffre au Roc de Suet, et vient finir à la Pointe d'Orchez, en stratification absolument renversée.

Après un divorce momentané, les deux branches de la zone du Malm, s'unissent de nouveau sur la rive gauche du Giffre pour venir mourir ensemble sur le flanc droit de la vallée de l'Arve. La zone du Malm a parcouru ainsi le demi-cercle presque complet, des bords du Rhône, où l'axe des plis est dirigé E.-W., jusqu'au bord de l'Arve, où il est presque W.-E.

3. Zone du Flysch.

La troisième zone des Préalpes extérieures n'est, à proprement parler, qu'une dépression médiane des chaînes jurassiques, envahie par le Flysch transgressif. Mais ce Flysch prédomine à tel point dans le centre du Chablais, qu'il y forme une véritable zone orographique, où les vallées sont plus évasées et les sommets plus arrondis et moins élevés.

Cette zone du Flysch commence au N.E. dans le Bas-Valais, près Vionnaz, où elle est fort étroite. Elle va en s'élargissant au S.W. jusqu'à la vallée d'Abondance. Elle ne mesure encore que 1 kilom. et demi à La Chapelle et un peu plus dans le val de Charmy. Puis elle s'annexe les synclinaux éocènes de Ferrier, d'Ubine, de Bonnevaux, et atteint une largeur de 5 kilomètres entre les vallées d'Abondance et du Biot, dont elle forme l'arête séparative, avec les sommets de Pointe-du-Mont, Pointe-de-Cercle, Equellaz, etc. La largeur maximum de cette zone (6 1/2 kil.) se trouve dans la contrée de Seytroux et sur l'arête qui sépare celle-ci de la vallée supérieure de Bellevaux.

Ensuite la zone du Flysch se rétrécit de nouveau, enjambe la branche E de la zone du Malm, entre les Rochers d'Ombre et de Haute-Pointe, s'annexe le synclinal crétacique et éocène de Megevette, puis de plus en plus étroite, descend dans la vallée du Giffre, en s'infléchissant à l'Est, pour finir sous la Pointe-d'Orchez, en un simple petit synclinal d'environ 200 mètres de large. Comme on le voit, la zone du Flych, est beaucoup moins arquée que celle du Malm, avec laquelle elle chevauche.

Au milieu de ce vaste synclinal ondulé de Flysch, spécialement sur les arêtes, on voit apparaître un certain nombre de pointements crétaciques ou jurassiques, qui forment parfois de singulières Klippes, et qui jalonnent le prolongement souterrain des chaînes envahies.

Presque partout le Flysch repose sur le Crétacique supérieur, ou en est recouvert par renversement. Dans quelques cas cependant on le voit en contact direct avec le Malm, le Néocomien ou la Brèche ; d'où je conclus qu'il est venu recouvrir transgressivement un sol déjà ondulé, en partie même érodé.

Le Flysch de cette région est essentiellement schisteux, mais contient aussi fréquemment des intercalations gréseuses en petits bancs ou plaquettes et, à la base surtout, des bancs calcaires assez développés, qui présentent de remarquables lithoclases, se croisant dans 3, 4 et même 5 directions différentes. Un autre faciès particulier de cet étrange terrain, c'est le Flysch rouge, qui paraît provenir de la trituration du Crétacique rouge, mais qui s'en distingue par sa nature plus argilo-schisteuse. Autant que j'ai pu en juger il se présente toujours vers la base du Flysch, et si parfois ces deux niveaux de couleur rouge risquent de se confondre, l'erreur ne serait pas bien grave, puisque l'un et l'autre diagnostiquent les couches profondes.

Sur quelques points, La Chapelle, Seytroux, etc., nous avons trouvé de nombreux Fucoïdes, parfois assez bien conservés, mais le fossile le plus habituel et le plus caractéristique du Flysch ce sont les Helminthoïdes, que nous n'avons jamais rencontrés à un autre niveau.

LES VOSGES

FEUILLE DE LUNÉVILLE

PAR

M. Ch. VÉLAIN
Chargé de cours à la Sorbonne,
Collaborateur principal.

La feuille de Lunéville terminée cette année, se présente obliquement traversée, sur plus des deux tiers de sa surface, par une large bande triasique donnant naissance, dans les zones successives du muschelkalk et des marnes keupériennes, a de grandes plaines, doucement ondulées, largement découvertes ou régulièrement boisées quand ces affleurements disparaissent sous des nappes étendues d'alluvions anciennes. Telles sont celles qui, dans le sud-ouest, sur la rive droite de la Moselle, forment tout le sol de la forêt de Charmes, et mieux encore, au centre même de la feuille, ces vastes plaines d'alluvions vosgiennes qui, formées par la rencontre de la Vesouze, de la Meurthe et de la Mortagne, servent de support aux belles forêts de Mondon et de Parroy, ainsi qu'aux multiples bouquets de grands bois de la basse Mortagne.

Au-delà de cette plate région qui, mieux que toute autre, permet de constater l'étendue du travail d'érosion accompli par les eaux vosgiennes pléistocènes, aux dépens de formations sans consistance, le sol de part et d'autre se relève; d'abord faiblement, dans l'ouest, sous la forme d'une ligne de coteaux liasiques dont la continuité n'est interrompue que par les deux vallées de la Meurthe et de la Moselle, puis d'une façon très accentuée dans la direction opposée, où se présente, plus ou moins disloquée, la zone habituelle des plateaux de grès bigarrés, étagés à des altitudes croissantes jusqu'aux points où les lignes de hauteurs parvenus à une altitude moyenne de 660 m. sont fournies par les grès vosgiens. Ici, très puissants, ces grès avec leurs crêtes ruiniformes bien en saillie au-dessus des grandes futaies de sapins (Roche d'Appel, Pierre-percée, Pierre-piquée, Roc de

Taurupt ..) prennent de plus en plus d'importance à mesure qu'on se rapproche, dans l'est,du massif du Donon où la largeur de cette bande,bien découverte,entre Raon-les-Eaux et Bréménil, atteint quatorze kilomètres.alors que son épaisseur, toute entière faite au profit des conglomérats, n'est pas moindre de 500 mètres. Affectés d'une forte inclinaison vers le N.O.. ces grès grossiers avec poudingues associés, se présentent sur les flancs des vallées encaissées qui entament profondément cette dernière bande triasique, supportés par les grès rouges permiens, eux-mêmes redressés contre le massif central vosgien par ce mouvement d'ensemble qui fait plonger toutes ces assises sous les plaines de la Lorraine. Mais la distribution et l'allure de ces grès rouges argileux devient alors inverse des précédents; leurs affleurements déjà réduits à une cinquantaine de mètres d'épaisseur dans la vallée de Rabodeau où se fait leur principal développement,s'atténue à ce point vers le nord,qu'il suffit de s'écarter d'un petit nombre de kilomètres de cette région pour voir qu'ils ne sont plus représentés, sous la grande corniche de grès

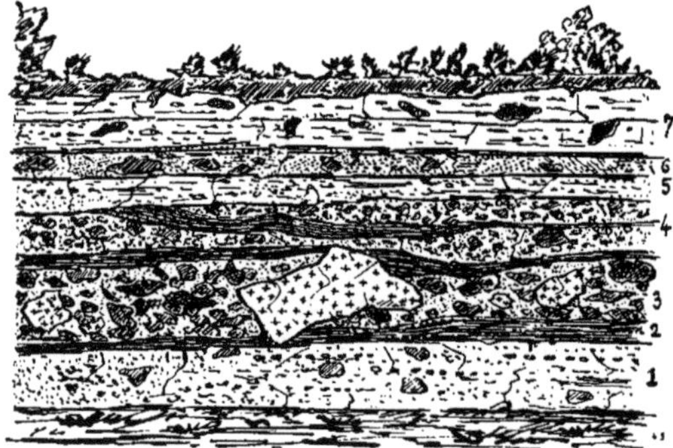

Fig. 1. — Coupe relevée sur la route de Sénones au Saulcy, en face des scieries de la Petite Raon.

1, grès rouge argileux avec lits de scories mélaphyriques; 2 veines argileuses brunes; 3 et 4, grès grossiers renfermant, avec des amas de bombes mélaphyriques scoriacées, de gros blocs de granite effrité; 5, grès finement stratifié sans débris de mélaphyres; 6, grès rouge brun à stratification inclinée avec nombreux fragments de mélaphyres scoriacés; 7, grès mieux stratifié en couches épaisses de 0,50 à 0,60 avec fragments plus rares de pareils mélaphyres.

vosgien des Hautes Chaumes, que par des tufs porphyriques en relation avec les grandes coulées de porphyres pétrosiliceux de Raon-sur Plaine et du Donon. C'est la fin du grand bassin permien de St-Dié. Ainsi s'explique l'importance prise, dans cette direction sur la bordure granitique ou schisteuse qui a servi d'appui aux sédiments côtiers du permien, par des phénomènes éruptifs représentés, non seulement par d'abondantes émissions de porphyres pétrosiliceux, mais par de vastes épanchements de porphyrites et surtout de mélaphyres. Si bien qu'au voisinage des principaux foyers volcaniques de cet ordre (Grande-Fosse, Bois des Faites, Sénones...) les grès de cet âge sont influencés au point de devenir de véritables tufs mélaphyriques. Ce sont là des faits connus, depuis longtemps signalés, mais ce qui l'est moins c'est qu'au voisinage de ces centres éruptifs, ces grès se montrent chargés de scories et de bombes mélaphyriques.

Ces faits, en tous points semblables à ceux signalés dans le Mansfeld, le Thüringerwald et le nord de la Bohême, peuvent s'observer en plusieurs points de la vallée du Rabodeau, en particulier à Sénones où ces grès à scories alternent avec des coulées interstratifiées de mélaphyres à surface scoriacée, et surtout plus au nord en face des scieries de la Petite Raon. En ce point la présence au milieu de pareils grès de gros blocs anguleux de granite effrités, avec fissures remplies de petits filonnets mélaphyriques, attestant qu'ils ont été projetés par les volcans de l'époque, témoignent de la violence des phénomènes explosifs qui ont accompagné la sortie des mélaphyres vosgiens.

Cette région permienne est du reste placée sur la partie la plus reserrée, aussi la plus disloquée, d'un ancien synclinal symétrique de celui de Ronchamp et remplissant, dans les Vosges septentrionales, le même office. Les assises sédimentaires antérieures au permien s'y présentent, en effet, comme au pied méridional du Massif des Ballons, fortement redressées suivant cette direction N.E. qui est celle affectée par les rides hercyniennes orientales sur notre sol français

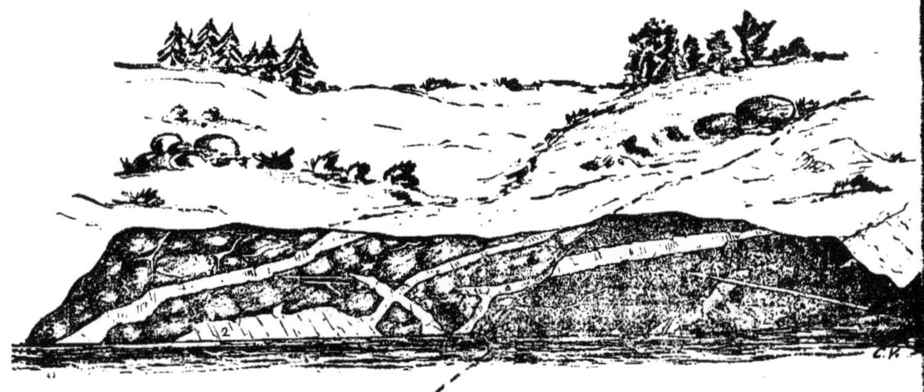

Fig. 2. — Tranchée de Sénones (paroi Est).
1, Kersantite amphibolique ; 2, Granulite ; 3, Granite à amphibole.

(direction *Niederland* ou *Varisque* de M. Suess). Or ici ces assises anciennes d'âge carbonifère (*Culm*), ne sont guère représentées que par des formations éruptives. Ce qui forme, en effet, le support des grès permiens dans les vallées précédemment indiquées c'est une puissante et complexe série de *porphyrites andésitiques* en relation étroite avec des *diabases ophitiques* et toujours escortées d'un grand développement de brèches de projection, si bien que les rares parties schisteuses ou gréseuses intercalées s'y présentent toujours franchement métamorphiques. De ce nombre sont, par exemple, la pierre à aiguiser célèbre de Moyenmoutiers, et ces schistes noirs ou verdâtres silicifiés qui, en raison de leur dureté sont largement exploités, sous le nom de trapp, pour l'empierrement, au même titre que les grands filons de *porphyrite amphibolique* de Raon l'Étape. Dans la vallée de Rabodeau, la sortie d'une *granulite* perçant les porphyrites a été ac-

accompagnée puis suivie d'une série bien ordonnée de *minettes (ortholites)*, *de Kersantites*, et d'*orthophyres noirs* avec tufs associés, identiques à ceux du bassin de la Loire et disposés de même en nappes alternant avec les schistes du Culm. Mais les formations éruptives dans cette région sont loin d'être limitées à ces roches d'épanchement; sur le flanc gauche de cette vallée dont l'allure rectiligne et la direction N.O., a été déterminée par une fracture comme pour toutes celles qui pénètrent au loin, avec cette même orientation dans la chaîne vosgienne, se développe un grand massif de *granite à amphibole*, celui de Grandrupt, développé depuis le bas de cette vallée jusqu'à la ligne des crêtes (787 m.) suivant une orientation N.S., exactement inverse de celle affectée par les granites qui forment l'axe de la chaîne. Or près de la gare de Sénones, dans les tranchées du chemin de fer qui entament ce massif on peut voir ce granite arriver en contact avec un des plus puissants filons de Kersantite amphibolique de la région, puis constater qu'il lui est nettement postérieur; et cela en observant, non seulement combien sont nombreuses dans sa masse même les enclaves de kersantite, mais sa pénétration filonienne bien nette et à longue distance dans toute l'étendue de l'affleurement de cette roche. Il est, de plus, facile de reconnaître que ces fines apophyses granitiques sont, à leur tour, recoupées par une granulite aplitique qui, après avoir lardé la kersantite de ses filonnets minces, très ramifiés comme d'habitude, se traduit ensuite, dans le haut de la tranchée, par un puissant filon pénétrant dans le massif granitique, et le prenant en écharpe sur

Fig. 3. Paroi ouest de la même tranchée.
1. Kersantite amphibolique; 2, veines pétrosiliceuses; 3, granite à amphibole avec enclaves; 4, granulite aplitique.

une grande étendue. On acquiert ainsi la preuve de l'existence sur le versant oriental de la chaîne vosgienne de *granites récents*, dont l'apparition est vraisemblablement contemporaine des grands mouvements de dislocation qui ont redressé jusqu'à la verticale les formations dévoniennes et carbonifères de la région, sur la tranche desquelles les grès permiens s'étendent en couches horizontales et nettement transgressives.

Dans la zone des grès bigarrés j'ai pu ensuite constater la grande extension prise au sommet de cette formation par les grès ocreux à faune marine, qui représentent un facies arénacé du Wellenkalk inférieur. Aux gisements fossilifères précédemment connus de Domptail et de Badonvillers, il faut ajouter ceux de Pexonne, Neuviller, Brémenil, Bois des épines près de Cirey enfin de Bertrambois. En somme, depuis la vallée de la Sarre dans l'est, jusqu'à celle de la Mortagne dans l'ouest, les grès à voltzia peuvent être considérés comme normalement couronnés par ce Wellenkalk gréseux où les espèces marines les plus abondantes sont fournies par des myophories (*M. orbicularis*, *M. elegans*, *M. vulgaris*, *M. arcuata*).

Dans cette même région la composition du muschelkalk devient telle qu'on peut y reconnaître un terme moyen dolomitique, marneux et salifère, c'est-à-dire un représentant exact du groupe de l'anhydrite franconien ; sur les grès à myophories du Wellenkalk, se développent, en effet, dans cette même région, une série puissante d'argiles panachées, de grès dolomitiques et de marnes feuilletées, c'est-à-dire un faciès franc de marnes bariolées keupériennes où depuis longtemps la présence du gypse à été signalée [1] ; celle aussi du sel avait été révélée dès 1832, par des sondages effectués à Lunéville pour recherche d'eaux artésiennes. La sonde ayant rencontré dans ces assises marneuses, à une profondeur de 186 m. un banc de sel gemme compact sur lequel les travaux se sont arrêtés. Depuis lors, un sondage entrepris à Menil-Flint en 1886, cette fois dans le but de rencontrer, sous le trias des environs de Lunéville, le prolongement des couches houillères vosgiennes, est venu montrer l'importance prise en profondeur par ces couches salifères dans les argiles bariolées du trias moyen. C'est à la profondeur de 98 m. qu'ont été rencontrées ces assises, et le sel, traversé à partir de 125 m. sur une étendue de 1 m. 40, s'est traduit par l'apparition d'une source artésienne d'eau salée sortant du trou de sonde avec une température de 18° et un débit atteignant une moyenne de 1.300 litres à la minute.

[1] M. Braconnier cite dans ces argiles dites de Pexonne la présence d'un banc de gypse de 1 m. 80. (Descript. géol. de Meurthe-et-Moselle, p. 117).

TABLE DES MATIÈRES

(1) La pagination se trouve au bas des pages.

www.ingramcontent.com/pod-product-compliance
Ingram Content Group UK Ltd.
Pitfield, Milton Keynes, MK11 3LW, UK
UKHW020606180726
13838UKWH00001B/458